第一階段

口語應用問題教材

盧台華◆著

■ 作者簡介 ■

盧台華

現職：國立台灣師範大學特殊教育系教授

學歷：國立政治大學教育系文學學士

美國奧勒岡大學特殊教育系教育碩士

美國奧勒岡大學特殊教育系哲學博士

經歷：台北市立明倫國中特殊教育教師、兼任組長

國立台灣師範大學特殊教育中心助理研究員、兼任組長

國立台灣師範大學特殊教育系副教授

專長：特殊教育課程與教學

智能障礙教育

學習障礙教育

資賦優異教育

近五年間主要專書著作：

Chen, Y. H., & Lu, T. H.(1994). Special education in Taiwan, ROC. In M. Winzer, & K. Mazurek,(Eds.). *Comparative studies in special education.* p.238-259. Washington, D.C.: Galludet University.

盧台華等譯（1994）管教孩子的 16 高招──行動改變技術實用手冊（第一冊、第二冊、第三冊），台北：心理出版社。

盧台華（1995）資優教育教學模式之選擇與應用，載於開創資優教育的新世紀，中華民國特殊教育學會，105-121 頁。

盧台華（1995）教學篇。載於國小啓智教育教師工作手冊。國立台北師範學院特殊教育中心。

盧台華（1995）修訂基礎編序教材相關因素探討及對身心障礙者應用成效之比較研究。台北：心理出版社。

盧台華（1998）身心障礙學生課程教材之研究與應用。載於身心障礙教育研討會會議實錄。國立台灣師範大學特殊教育系。

盧台華（1998）特定族群資優學生之鑑定，載於慶祝資優教育成立二十五週年研討會論文專輯。中華民國特殊教育學會。

盧台華（2000）身心障礙資優生身心特質之探討。載於資優教育的全方位發展。台北：心理出版社。

盧台華（2000）國小統整教育教學模式學習環境之建立與應用。載於資優教育的全方位發展。台北：心理出版社。

■ 自 序 ■

　　數學可分為純數學與真實生活的數學兩部分。以應用問題「10 英吋的木塊可以切割成幾塊 2 英吋大小的木塊？」為例，純數學的答案是 5 塊，但在真實生活中卻只能切割成 4 塊，剩下的一塊會因切割過程木屑的損失而不到 2 英吋。前者多半出現在一般發展性的課程中，後者則為功能性課程，或稱實用數學。對數學學習困難的學生而言，未來能從事以純數學為基礎發展的生涯可能相當有限，因此能有效解決日常生活問題的功能性或真實生活的數學對其可能更形重要。且在即將全面實施之「九年一貫課程」的精神與內涵上，亦強調將各科課程統整應用於實際生活中。本套教材即為採功能性與真實生活數學的課程，以教導日常生活中的數學概念與應用問題為主，頗為符合一般兒童與特殊兒童的需要。

　　本教材的前身為師大特殊教育中心在民國七十七年參考八○年代美國風行的「Project Math」編訂出版之「基礎數學編序教材」。後因教材已無存量然需求甚殷，筆者在民國八十三年起又作了更大幅度的修正，以符合國內的生態，並增加了「口語應用問題教材」。在「數學基礎概念編序教材」部分係採用「多元選擇課程」方式，不但提供了十六種不同的教師與學生互動之教學型態，更融合了數學概念、運算技巧和社會成長的數學教學目標為一體，可適用於幼稚園至國小六年級的學生及心齡四歲至十二歲的智障、學障、情障或其他類別障礙與普通之學生。整套概念教材包括教師手冊、評量表、教材、作業單四部分並分成四個階段，以採用非紙筆測驗的方式評量學生對概念與技巧的了解及應用程度，更將評量與教學內容緊密的結合在一起，頗符合「形成性評量」與「課程本位評量」的教學原則。「口語應用問題教材」部分則搭配概念教材的難易結構分為四個階段，以日常生活間數學常出現之方式提供各類問

題，並融入語文、生活教育、社會適應、休閒教育與職業生活等領域相關的內涵，除著重解題歷程與學習策略的教導外，對統整課程與實際應用數學的技巧有相當之助益。

本教材之修訂歷經了七年，除有鄭雪珠、史習樂、楊美玉、單無雙、韓梅玉、洪美連與張美都等資深優良的特教教師與認真負責的研究助理周怡雯的熱忱參與初期修訂外，之後又有許多本人教導過的大學部與碩士班學生繼續參與修訂的工作。最近一年間本人並將所有內容重新再整理，將其中與現況不合、文筆不一與部分錯誤再加以增刪與修訂。此外，「概念教材」部分曾經本人實驗應用於智障、學障、聽障等十九所國中小特殊需求學生一年，而「口語應用問題教材」亦經本人指導洪美連老師實際應用於聽障國小生部分半年，成效均相當良好，使本人更有信心將此套教材出版。

在教材即將出版之際，除特別感謝曾經參與編輯、實驗等人員與邱上貞教授對初稿審查付諸之心力外，並謹向教育部與國科會資助使本教材能更臻完善致謝，同時要向一直殷切等待教材出版的特殊教育教師與伙伴們致上最深之歉意，但願本套教材能成為各位最佳之教學參考。

盧台華 謹識

民國九十年八月

■目　錄■

使用説明

口語應用問題教材：第一階段

壹、口語應用問題教材簡介

　　「口語應用問題教材」是為統整「基礎數學概念編序教材」課程中各階段的概念而設計的。教材內容依編序方式安排設計，強調採生動活潑化的教材教法與具體化經驗的方式，以提供學生將數學概念之學習應用於解決問題的活動中，俾克服兒童對數學概念、計算與應用的學習困難。

　　本套教材適用於學前至小學六年級的各類特殊需求學生，亦可做為一般學生數學應用問題教學的補充教材。教材內容共分成四個階段，各階段適用之年齡與年級如表一所列。第一階段與第二階段的重點在於利用生動活潑而富吸引力的故事圖片，呈現有關的數學應用問題，透過實際操作與理解數學問題之活動，俾利解決各種應用問題，並訓練兒童對回答有關量的問題所需要的重要常識或訊息加以注意，培養兒童的閱讀能力，以為日後學習之基礎。第三階段與第四階段則教導如何解答書寫性與文字性的數學應用問題，並提供各種不同語彙程度且與生活經驗和社交技巧有關的文字應用問題練習與選擇的機會，以協助兒童解決數學的問題。

表一　口語數學應用問題各階段適用的年齡一覽表

階段別	相當心理年齡	相當年級
一	4～6 歲	學前～1
二	6～8 歲	1～2
三	8～10 歲	3～4
四	10～12 歲	5～6

　　口語應用數學問題的解決不只是問題解決的一種類型，更是特殊需

求兒童數學解題教育中不可或缺的一環，因此教師在教學時可針對本教材內容架構加以擴充，依據學生的個別狀況與學習經驗彈性調整教學活動，透過各種不同的教材及活動實施，俾使學生能藉由多元化的教學方式學習正確解決數學問題的方法，進一步將所學的概念有效應用於真實生活中，以達到問題解決、推理和溝通的功能。

貳、教材內容

㈠活動教具

第一階段口語應用問題共計二十四個單元。本階段的教學活動，是為了讓每一個兒童能保持最低限度的注意力及參與活動的自我控制能力而設計的。因此即使非常小的幼童，或沒有數學或語言技能的兒童，也能在要求下，協助教師做歸位、分類或放置不同教具的數學活動。本階段教學活動的主要教具有：

1.故事板

此階段的口語應用問題著重在利用活潑有趣而富吸引力的圖片景色，來描述數學問題的解決過程。呈現這些景色的教具稱為「故事板」，每一個故事板的前後各有一幅景色圖畫，三張雙面的故事板共展現六種不同的風景畫，形成本階段的六個單元主題，圖一所展示者即為三張故事板前面與後面的風景圖片樣本。每一個故事板內的空白部分係為放置小卡片之用，例如果樹、街景、菜園和農場的故事板，均留有五個小卡片的空間；動物園和玩具店則留有九個小卡片的空間。

前面　　　　　　　　**後面**

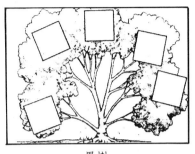
果樹

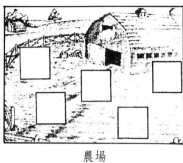
農場

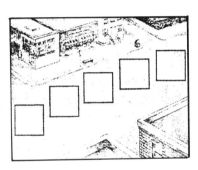
街景

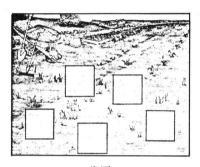
菜園

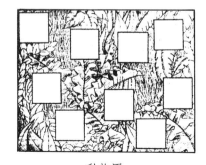
動物園

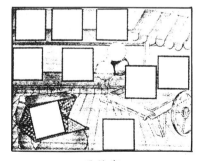
玩具店

圖一　第一階段口語應用問題故事板風景圖片樣本

2.卡片組

　　此階段教材中共附456張小卡片，是訓練解決數學問題的輔助教具；依與故事板景色有關之卡片內容分成六組，如表二所列。

表二　第一階段各單元活動教具一覽表

故事板	卡片類別	卡片組內容	卡片數量	單元編號
果樹	水果	蘋果、香蕉、蜜李、水梨	每種15張	1.7.13.19
街景	交通工具	小汽車、旅行車、大巴士、卡車	每種15張	2.8.14.20
菜園	蔬菜	白蘿蔔、紅蘿蔔、蕃薯、高麗菜	每種15張	3.9.15.21
農場	農場動物	牛、羊、雞、豬	每種15張	4.10.16.22
動物園	野生動物	斑馬、大象、猴子、鸚鵡	每種27張	5.11.17.23
玩具店	玩具	洋娃娃、棒球手套、足球、魔術箱	每種27張	6.12.18.24

圖二　第一階段口語應用問題所需之卡片

(二)活動單元內容

　　每一活動單元分為教材、活動指導、教師說明與補充活動四部分，茲分別說明於下：

1. 教材

　　主要是說明口語應用問題第一階段共二十四個單元的每一個單元教學所需準備的故事板與卡片組（請參考表二）。其中有關教材內容方面，單元 1～6 是利用一張故事板與卡片一組，口述問題的重點，包括數一組物卡成員的數目，組與組的聯合數數，辨認和排除無關的訊息等。單元 7～12 則擴大範圍至二張故事板與卡片一組所展示的各類別之基本屬性操作，繼續強調問題的解決，各組圖片按照性質分別展示，使學生能練習數數或計算到 10。單元 13～18 需要利用三張故事板與卡片一組，這些單元的口述問題開始變換為加減法比較的計算，而且各組所呈現的物品都是相對的，因此，兒童要會回答「更多」和「更少」的比較。而單元 19～24 則需利用三張故事板與卡片二組之組合，解決物品的分類，數數或計算到 15，「更多」和「更少」的比較等。

2. 活動指導

　　此為教學方式之說明，教師可以參考本部分說明做為教學的「準備活動」。各活動主要係透過歌唱、遊戲、說故事、解說、討論、展示圖片等方式引起學生的注意力，以提高兒童的學習動機為目的，為數學應用問題解題訓練奠定基礎。

3. 教師說明

　　此為教師教學時對學生的指導語、課程介紹或說明之參考；主要係透過引導假設、想像、出示卡片以引起學生的回憶與興趣，而進入教學的主題。此外，教師亦可依教學情況彈性改變教材說明上所介紹的活動，而指導一些其他的數學相關活動。

4. 補充活動

　　此部分包括教室以外的教學活動，以及畫圖、剪紙、佈告欄展示、

討論、說故事……等，俾透過教學範圍的擴展活動、教學後的評鑑指引，以及發展其他的數學技能等活動，以做為本教材單元教學成果的追蹤、檢討與補救之用。

(三)教學步驟

1.先閱讀單元教學活動設計

　　準備教口語應用問題的第一步驟即是要先閱讀活動單元的教材、活動指導、教師說明與補充活動等的說明。閱讀這些說明後，教師需先影印放大前面圖一、圖二所提供的故事板與圖卡，製作成各單元教學所需的活動教具，並展示給學生看，同時教師需不斷地練習操作這些教具；唯有技術愈熟練，教學的效果才會愈佳。

2.準備檢核表

　　在教學前，下列的準備檢核表將有助於教學活動的進行：

> ☐ ⑴先閱讀教學單元活動設計；
>
> ☐ ⑵選擇適當的故事板和圖卡；
>
> ☐ ⑶蒐集說明或補充教材可能用到的教具；
>
> ☐ ⑷安排圖卡做有效教學之用；
>
> ☐ ⑸了解學生目前的學習能力與行為；
>
> ☐ ⑹安排教室環境，提供理想的學習情境。

　　整體言之，口語應用問題的教學，學生人數以不超過六、七人為佳，因為人數太多時，學生參與活動的機會相對地會減少。進行教學活動時，較好的座位安排方式是讓每位學生圍坐在教師的四周，把握的原則是教師可以舒適地操作教材教具，而學生也都可以看得很清楚，如此即為理想學習環境之條件。

3.呈現教材原則

(1)利用活動指導

展示任何圖卡時，利用活動指導可以清楚地知道故事板上究竟要有哪些物卡，且事先要排列成容易操作展示的方式。

(2)呈現圖卡的技術

以下二種基本方法是本教材呈現圖卡的方法：

A.教師說出呈現物品的數量，例如下面例子中，學生要注意聽水果的數目，選擇適當的水果與正確的數目放在故事板上：

「在我的樹枝上長了 4 根香蕉，你能把它們放上去嗎？」

B.教師利用不說數量（一些……）的方式陳述呈現物品數量，例如以下例子中，教師只把 2 個蘋果放在故事板上，而不說出數目來，是要讓學生能數出「一些」、「若干個」的不定語詞到底是多少：

「讓我們來算算看長出了多少水果：我的樹上長了一些（2個）蘋果，告訴我長了多少個蘋果？」

(3)彈性調整教學方式

「活動指導」僅為參考指引，教師教學時可適度彈性調整，因為可用來問故事板所呈現訊息的問題可能會遠超過「活動指導」所列的問題，所以當教學出現一些機械性活動時，教師可以創意地改變教學模式，與學生討論問題，說明問題解決所需要的步驟，並可鼓勵學生利用圖卡創造並解決自己的問題。

(4)解決數學問題的個別化教學

每一單元的問題解決方式，應該隨兒童的個別差異而改變對其學習的要求，例如對某位學生可採辨認和找出某一組圖卡之方式，而對

另一位學生則可採口頭回答問題之方式，俾透過多元化的教學以適應學生學習方式的差異性。

⑸多準備圖卡以應教學所需

　　教師可以準備比所需數目更多的圖卡以提供分組的學習，指導學生利用自己的圖卡或教具解決類似之問題；此外，多數量卡片的準備亦可視學生之學習表現而讓學生有練習更大數目的問題解決之機會。

4.教學診斷與評量之應用

　　本階段教材的每一個單元皆可以運用下列診斷／評量之重點，找出學生學習的優缺點，並有系統地觀察出兒童表現障礙的因素。

⑴問題特性

　　A.不分類（3個蘋果＋4根香蕉＝7個水果）
　　B.需分類（3個蘋果＋3個蘋果＝6個蘋果）

⑵無關資料

　　例如：這棵果樹有4個蘋果、2個梨子，請問這棵果樹有多少個蘋果？

⑶不說數量

　　例如：果樹有一些（3個）蘋果……。

⑷算術的運算

　　數數、一對一的對應、1在加法中的角色（多一個）、加法、零、減法、1在減法中的角色（少一個）、奇數—偶數。

不論學生在學習時出現以上所述的任何一種問題，教師應該針對學生犯錯之處，加以導正其解題的正確概念，以增加學生之認知發展與解決問題的能力。此外，教師在教學時應注意本教材的目標是要訓練兒童注意口語數學問題所需要的訊息過程，因此計算錯誤或運算錯誤所造成的解題錯誤，實不如解決問題所需要注意的常識錯誤來得重要，所以學生在此一階段的發展上，「學習歷程」比「學習成果」更為重要，這是教師教學時應特別注意之處。

㈣教材的應用

1.充分利用補充教材

　　教師教完每個單元的口語應用問題教材後，可以繼續利用補充教材、教具加以變化，以擴充學生的概念形成和語言經驗，俾提供學生更高層次的學習經驗。

2.使用故事板與圖卡訓練其他數學概念

　　故事板與圖卡可以分別用在本教材各單元，或用在發展相關之數學概念上，例如：教師可以選擇「玩具店」的故事板和「動物園」的故事板，學生選擇「足球」和「斑馬」圖卡，教師要求學生把三匹斑馬放進動物園裡，把五個足球放在玩具店中，發展「一對多」的數學概念；此外，教師亦可選出果樹的故事板，並把數個蘋果圖卡放在樹上，當學生從樹上拿下一個蘋果時，可以要求學生以「倒數」方式計算剩下的蘋果數目。

3.利用故事板和圖卡變化教學目標

　　充分利用資源是很重要的，教師如能運用創意的方式來變化各種教學活動，更可將本教材的功能發揮得淋漓盡致。例如兒童可以利用圖卡

說出圖卡的名稱、看圖寫故事、變化圖卡與故事板的組合來造句或聽寫句子、敘述或討論謎語，或做簡單的類推與關係之操作……等，這些活動都可以增進學生的認知、語言與閱讀之能力。

教材單元

口語應用問題教材：第一階段

◑ 教材：

1. 一張水果樹的故事板。

2. 各種水果的卡片組（蘋果、香蕉、蜜李、水梨）（每種五張）。

◑ 活動指導：

1. 先以「假裝」來開始一個話題。

2. 詢問學生們是否曾想像過有棵「神奇樹」。

3. 解釋神奇樹能長任何東西在上面。

4. 讓學生討論，他們想長什麼在神奇樹上。

5. 在一張紙上畫上一棵大樹作為神奇樹。

6. 讓學生從雜誌上剪下他們想要長在神奇樹上的水果。

◑ 補充活動：

1. 給學生許多大張的紙及彩色筆。

2. 要求他們做一張神奇樹的圖形。

◑ 教師說明：

—今天我們要談的是「神奇樹」。（同時出示故事板）

—這棵樹真是奇妙，因為它竟可以長出各種不同的水果，蘋果、香
 蕉、蜜李及水梨。（同時出示卡片）

—我相信你一定沒有看過一棵可以長四種不同水果的樹。

—同樣的，這棵樹也有問題要問你們喔！

—請注意聽樹的問題，並看看你們是否可以回答它。

〔一〕

A　不分類／數數

1. 嗨！小朋友，我正要長 3 個蘋果在我的樹上。
   你們可以將它們放在我的樹枝上嗎？
2. 嗨！小朋友，我正要長 2 個蜜李在我的樹上。
   你們可以將它們放在我的樹枝上嗎？
3. 嗨！小朋友，我正要長 3 根香蕉在我的樹上。
   你們可以將它們放在我的樹枝上嗎？
4. 嗨！小朋友，我正要長 4 個水梨在我的樹上。
   你們可以將它們放在我的樹枝上嗎？

〔二〕

A　不分類／不說數量／數數

1. 讓我再多長一些水果，我長了一些（2 個）蘋果。
   我長了多少個水果呢？【2】
2. 讓我再多長一些水果，我長了一些（5 個）蜜李。
   我長了多少個水果呢？【5】
3. 讓我再多長一些水果，我長了一些（3 根）香蕉。
   我長了多少個水果呢？【3】
4. 讓我再多長一些水果，我長了一些（1 個）水梨。

我長了多少個水果呢？【1】

〔三〕

A　不分類／數數

1. 我長了 5 個**蘋果**在樹上。
   請你們從樹上拿走 4 個**蘋果**。
2. 我長了 5 **個蜜李**在樹上。
   請你們從樹上拿走 3 個**蜜李**。
3. 我長了 5 **根香蕉**在樹上。
   請你們從樹上拿走 1 **根香蕉**。
4. 我長了 5 **個水梨**在樹上。
   請你們從樹上拿走 2 **個水梨**。

〔四〕

A　不分類／數數

1. 今天我們將長二種水果。
   (1) 你們可以將 2 **個蘋果**和 2 **個蜜李**放在樹的枝幹上嗎？
   (2) 我長了多少個**蘋果**呢？【2】
2. 今天我們將長二種水果。
   (1) 你們可以將 3 **個蜜李**和 1 **根香蕉**放在樹的枝幹上嗎？
   (2) 我長了多少個**蜜李**呢？【3】
3. 今天我們將長二種水果。
   (1) 你們可以將 4 **根香蕉**和 1 **個水梨**放在樹的枝幹上嗎？
   (2) 我長了多少根**香蕉**呢？【4】

4. 今天我們將長二種水果。

　　(1) 你們可以將 1 **個水梨**和 2 **個蘋果**放在樹的枝幹上嗎？

　　(2) 我長了多少個**水梨**呢？【1】

〔五〕

1. 這次我要長 3 **個蘋果**和 1 **個蜜李**。

　　請注意看，我長了多少個**水梨**呢？【0】

2. 這次我要長 2 **個蜜李**和 2 **根香蕉**。

　　請注意看，我長了多少個**蘋果**呢？【0】

3. 這次我要長 1 **根香蕉**和 2 **個水梨**。

　　請注意看，我長了多少個**蜜李**呢？【0】

4. 這次我要長 3 **個水梨**和 2 **個蘋果**。

　　請注意看，我長了多少根**香蕉**呢？【0】

〔六〕

A　　**不分類／加一的計算**

1. 小朋友，我想要長更多的水果，你準備好了嗎？

　　我原有 1 **個蘋果**，如果我再長 1 **個蘋果**，那麼我總共有多少個**蘋果**呢？【2】

2. 小朋友，我想要長更多的水果，你準備好了嗎？

　　我原有 3 **個蜜李**，如果我再長 1 **個蜜李**，那麼我總共有多少個**蜜李**呢？【4】

3. 小朋友，我想要長更多的水果，你準備好了嗎？

我原有 2 **根香蕉**，如果我再長 1 **根香蕉**，那麼我總共有多少根**香蕉**呢？【3】

4. 小朋友，我想要長更多的水果，你準備好了嗎？

   我原有 4 **個水梨**，如果我再長 1 **個水梨**，那麼我總共有多少個**水梨**呢？【5】

〔七〕

A **不分類／數數**

1. 哇！好棒呀！又有水果要長出來了耶！

   現在，我要長 2 **個蘋果**，你可以將它們放在樹的枝幹上嗎？

   我還需要多一點，你可以再長 3 **個蘋果**上去嗎？

2. 哇！好棒呀！又有水果要長出來了耶！

   現在，我要長 1 **個蜜李**，你可以將它們放在樹的枝幹上嗎？

   我還需要多一點，你可以再長 2 **個蜜李**上去嗎？

3. 哇！好棒呀！又有水果要長出來了耶！

   現在，我要長 4 **根香蕉**，你可以將它們放在樹的枝幹上嗎？

   我還需要多一點，你可以再長 1 **根香蕉**上去嗎？

4. 哇！好棒呀！又有水果要長出來了耶！

   現在，我要長 3 **個水梨**，你可以將它們放在樹的枝幹上嗎？

   我還需要多一點，你可以再長 1 **個水梨**上去嗎？

B **不分類／加法**

1. 我總共長了多少個**蘋果**呢？【5】

2. 我總共長了多少個**蜜李**呢？【3】

3. 我總共長了多少根**香蕉**呢？【5】

4. 我總共長了多少個**水梨**呢？【4】

〔八〕

A　分類／加法

1. 現在，我要長一些水果上去，我將長 **1 個蘋果**和 **1 個蜜李**。
   我共長了多少個水果呢？【2】

2. 現在，我要長一些水果上去，我將長 **2 個蜜李**和 **2 根香蕉**。
   我共長了多少個水果呢？【4】

3. 現在，我要長一些水果上去，我將長 **3 根香蕉**和 **2 個水梨**。
   我共長了多少個水果呢？【5】

4. 現在，我要長一些水果上去，我將長 **3 個水梨**和 **1 個蘋果**。
   我共長了多少個水果呢？【4】

◗ 補充活動：

一、水果的生長

　　1. 要求學習者儘可能的說出水果名。

　　2. 鼓勵他們想一想這些水果的生長處。

　　3. 問他們是否在旅行的途中，看過任何水果的生長處。

二、好吃的水果

　　　　也可讓學習者收集水果照片，並依照「顏色」、「形狀」、「大
小」、「味道」，或其他特質來分類（可依您覺得適合於何種群體
的特色來分類）。

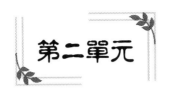

第二單元

◗ 教材：

    1. 一張街景的故事板。

    2. 各種車輛的卡片組（小汽車、旅行車、大巴士、卡車）（每種五張）。

◑ 活動指導：

    1. 以「紅燈」、「綠燈」的遊戲來練習「注意力」。

    2. 向學生解釋紅燈和綠燈是告訴我們停止或前進的交通號誌。

    3. 各種車輛在街上都必須遵守交通號誌。

◑ 教師說明：

    —今天我們假裝正站在市區中一條交通繁忙的街上。

    —在你住的地方有熱鬧的街嗎？

    —這條街（同時出示故事板）就叫「主要街道」。

    —當主要街道的交通繁忙時，我們必須非常小心，並從斑馬線上過馬路。

    —假設在這條主要街道上只有四種車輛，就是卡車、小汽車、旅行車及大巴士。（出示卡片）

〔一〕

不分類／數數

1. 讓我看看主要街道有 2 **輛小汽車**在街上走。
   你們可以將它們放在街上嗎？

2. 讓我看看主要街道有 4 **輛旅行車**在街上走。
   你們可以將它們放在街上嗎？

3. 讓我看看主要街道有 5 **輛卡車**在街上走。
   你們可以將它們放在街上嗎？

4. 讓我看看主要街道有 3 **輛大巴士**在街上走。
   你們可以將它們放在街上嗎？

〔二〕

A **不分類／一對一對應**

1. 現在，讓我們假設街上很忙碌，並且所有的空間都擠滿了**小汽車**。
   請將所有的空間都填滿**小汽車**。

2. 現在，讓我們假設街上很忙碌，並且所有的空間都擠滿了**旅行車**。
   請將所有的空間都填滿**旅行車**。

3. 現在，讓我們假設街上很忙碌，並且所有的空間都擠滿了**卡車**。
   請將所有的空間都填滿**卡車**。

4. 現在，讓我們假設街上很忙碌，並且所有的空間都擠滿了**大巴士**。
   請將所有的空間都填滿**大巴士**。

不分類／不說數量／數數

1. 剛變綠燈，有（1 **輛**）小汽車開過去。

   共有多少輛**小汽車**開過去呢？【1】

2. 剛變綠燈，有（3 **輛**）旅行車開過去。

   共有多少輛**旅行車**開過去呢？【3】

3. 剛變綠燈，有（2 **輛**）卡車開過去。

   共有多少輛**卡車**開過去呢？【2】

4. 剛變綠燈，有（4 **輛**）大巴士開過去。

   共有多少輛**大巴士**開過去呢？【4】

〔三〕

A **不分類／數數**

1. 現在主要街道上又沒有車了，有 3 **輛小汽車**剛剛開上街。

   (1) 但是還有一些位置可以給更多的**小汽車**是不是呢？

   (2) 到底還有多少**小汽車**的空位呢？【2】

2. 現在主要街道上又沒有車了，有 1 **輛旅行車**剛剛開上街。

   (1) 但是還有一些位置可以給更多的**旅行車**是不是呢？

   (2) 到底還有多少**旅行車**的空位呢？【4】

3. 現在主要街道上又沒有車了，有 4 **輛卡車**剛剛開上街。

   (1) 但是還有一些位置可以給更多的**卡車**是不是呢？

   (2) 到底還有多少**卡車**的空位呢？【1】

4. 現在主要街道上又沒有車了，有 2 **輛大巴士**剛剛開上街。

   (1) 但是還有一些位置可以給更多的**大巴士**是不是呢？

   (2) 到底還有多少**大巴士**的空位呢？【3】

〔四〕

A 不分類／不說數量／指定條件

1. 如果你正走在主要街道上，你看到了一些（3 輛）小汽車和（2 輛）旅行車。
   共有多少輛**小汽車**開在街上呢？【3】

2. 如果你正走在主要街道上，你看到了一些（1 輛）旅行車和（2 輛）大巴士。
   共有多少輛**旅行車**開在街上呢？【1】

3. 如果你正走在主要街道上，你看到了一些（2 輛）卡車和（2 輛）小汽車。
   共有多少輛**卡車**開在街上呢？【2】

4. 如果你正走在主要街道上，你看到了一些（4 輛）大巴士和（1 輛）卡車。
   共有多少輛**大巴士**開在街上呢？【4】

〔五〕

A 不分類／數數

1. 放 3 輛**小汽車**在街上。
2. 放 4 輛**旅行車**在街上。
3. 放 2 輛**卡車**在街上。
4. 放 3 輛**大巴士**在街上。

B | **不分類／指定條件／空集合**

1. 你一共看到多少輛**卡車**在街上呢？【0】
2. 你一共看到多少輛**大巴士**在街上呢？【0】
3. 你一共看到多少輛**小汽車**在街上呢？【0】
4. 你一共看到多少輛**旅行車**在街上呢？【0】

〔六〕

A | **不分類／數數**

1. 大街上好像又要開始擁擠了，有 3 輛**小汽車**在街上。

    (1) 你可以將它們放在街上嗎？

    (2) 再加上 2 輛**小汽車**又剛開過去了，你可以將它們放在街上嗎？

2. 大街上好像又要開始擁擠了，有 2 輛**旅行車**在街上。

    (1) 你可以將它們放在街上嗎？

    (2) 再加上 2 輛**旅行車**又剛開過去了，你可以將它們放在街上嗎？

3. 大街上好像又要開始擁擠了，有 1 輛**卡車**在街上。

    (1) 你可以將它們放在街上嗎？

    (2) 再加上 2 輛**卡車**又剛開過去了，你可以將它們放在街上嗎？

4. 大街上好像又要開始擁擠了，有 2 輛**大巴士**在街上。

    (1) 你可以將它們放在街上嗎？

    (2) 再加上 2 輛**大巴士**又剛開過去了，你可以將它們放在街上嗎？

B | **不分類／加法**

1. 街上共有多少輛**小汽車**？【5】
2. 街上共有多少輛**旅行車**？【4】
3. 街上共有多少輛**卡車**？【3】

4. 街上共有多少輛**大巴士**？【4】

〔七〕

1. 吃飯時間到了，大家都下班要回家了，大馬路上又要開始擁擠了，讓我們幫大家把車開回家吧！
   (1) 你們可以把 1 **輛要回家的小汽車**放在大街上嗎？
   (2) 讓我們再加放 3 **輛要回家的小汽車**。

2. 吃飯時間到了，大家都下班要回家了，大馬路上又要開始擁擠了，讓我們幫大家把車開回家吧！
   (1) 你們可以把 2 **輛要回家的旅行車**放在大街上嗎？
   (2) 讓我們再加放 1 **輛要回家的旅行車**。

3. 吃飯時間到了，大家都下班要回家了，大馬路上又要開始擁擠了，讓我們幫大家把車開回家吧！
   (1) 你們可以把 3 **輛要回家的卡車**放在大街上嗎？
   (2) 讓我們再加放 2 **輛要回家的卡車**。

4. 吃飯時間到了，大家都下班要回家了，大馬路上又要開始擁擠了，讓我們幫大家把車開回家吧！
   (1) 你們可以把 4 **輛要回家的大巴士**放在大街上嗎？
   (2) 讓我們再加放 1 **輛要回家的大巴士**。

| B | **不分類／加法** |

1. 共有多少輛**小汽車**要回家呢？【4】
2. 共有多少輛**旅行車**要回家呢？【3】
3. 共有多少輛**卡車**要回家呢？【5】
4. 共有多少輛**大巴士**要回家呢？【5】

〔八〕

分類／不說數量／加法

1. 有時候大街上同時有好幾種車輛。這次有一些（1 輛）小汽車和（1 輛）大巴士開在街上。

   你可以告訴我共有多少輛車子在街上嗎？【2】

2. 有時候大街上同時有好幾種車輛。這次有一些（2 輛）旅行車和（2 輛）卡車開在街上。

   你可以告訴我共有多少輛車子在街上嗎？【4】

3. 有時候大街上同時有好幾種車輛。這次有一些（3 輛）卡車和（2 輛）大巴士開在街上。

   你可以告訴我共有多少輛車子在街上嗎？【5】

4. 有時候大街上同時有好幾種車輛。這次有一些（1 輛）大巴士和（3 輛）卡車開在街上。

   你可以告訴我共有多少輛車子在街上嗎？【4】

◑ **補充活動：**

  1. 將學生分成四組，使用雜誌圖片或自畫圖片剪下四種不同的車輛，但需要有同樣的張數。

  2. 將每張圖片剪成十小塊（成為一拼圖）。

  3. 給每組一個拼圖。

  4. 讓四組比賽，先將圖拼好者得勝。

  5. 可以重新排列組合，或給與不同的拼圖，以增加活潑性。

第三單元

● 教材:

 1. 一張菜園的故事板。

 2. 各種蔬菜的卡片組(白蘿蔔、紅蘿蔔、蕃薯、高麗菜)(每種五張)。

● 活動指導:

 1. 詢問學生是否曾和父母去過市場。

 2. 要求學生說出在那裡買到東西的名稱。

 3. 描述蔬菜的樣子,並詢問學生是否知道它是什麼蔬菜。

● 教師說明:

 ─記不記得那些我們曾談論過由市場買來的蔬菜。

 ─你認為它們種在哪裡?(他們大多長在農場或某人的菜園中)

 ─你曾經去過農場或菜園嗎?

 ─讓我們現在就去吧!各位,上車並到某人的菜園去吧!(出示故事板,並發出車輛的聲音)

 ─在這個菜園中,種有紅蘿蔔、白蘿蔔、蕃薯、高麗菜。(出示卡片)

 ─在菜園中種植蔬菜的人,我們稱他為農夫。

 ─你最喜歡吃什麼蔬菜?

 ─讓我們看看農夫在做什麼?

〔一〕

A 不分類／不說數量／數數

1. 這位農夫在他的農場上種了一些（2棵）紅蘿蔔。
   他共種了多少棵**紅蘿蔔**？【2】

2. 這位農夫在他的農場上種了一些（3棵）白蘿蔔。
   他共種了多少棵**白蘿蔔**？【3】

3. 這位農夫在他的農場上種了一些（4棵）高麗菜。
   他共種了多少棵**高麗菜**？【4】

4. 這位農夫在他的農場上種了一些（1棵）蕃薯。
   他共種了多少棵**蕃薯**？【1】

〔二〕

A 不分類／數數

1. 有一回，農夫種了5棵**紅蘿蔔**，而他想採下其中的1棵。
   請幫他採下。

2. 有一回，農夫種了5棵**白蘿蔔**，而他想採下其中的2棵。
   請幫他採下。

3. 有一回，農夫種了5棵**高麗菜**，而他想採下其中的3棵。
   請幫他採下。

4. 有一回，農夫種了5棵**蕃薯**，而他想採下其中的4棵。
   請幫他採下。

〔三〕

1. 起初農夫只種 4 棵紅蘿蔔，後來他雖然又種了一些**紅蘿蔔**，但是天氣不好，結果後來種的紅蘿蔔沒有一棵再長成。
   現在這個農夫共種成了幾棵**紅蘿蔔**？【4】

2. 起初農夫只種 1 棵白蘿蔔，後來他雖然又種了一些**白蘿蔔**，但是天氣不好，結果後來種的白蘿蔔沒有一棵再長成。
   現在這個農夫共種成了幾棵**白蘿蔔**？【1】

3. 起初農夫只種 2 棵高麗菜，後來他雖然又種了一些**高麗菜**，但是天氣不好，結果後來種的高麗菜沒有一棵再長成。
   現在這個農夫共種成了幾棵**高麗菜**？【2】

4. 起初農夫只種 3 棵蕃薯，後來他雖然又種了一些**蕃薯**，但是天氣不好，結果後來種的蕃薯沒有一棵再長成。
   現在這個農夫共種成了幾棵**蕃薯**？【3】

〔四〕

1. 這位農夫準備再種東西了，他種了一些（3 棵）紅蘿蔔。
   他種了幾棵紅蘿蔔呢？【3】

2. 這位農夫準備再種東西了，他種了一些（4 棵）白蘿蔔。
   他種了幾棵白蘿蔔呢？【4】

3. 這位農夫準備再種東西了，他種了一些（1 棵）高麗菜。
   他種了幾棵高麗菜呢？【1】

4. 這位農夫準備再種東西了，他種了一些（2棵）蕃薯。

他種了幾棵蕃薯呢？【2】

〔五〕

A **不分類／不說數量／加法**

1. 這次農夫決定只種 1 **棵紅蘿蔔**，但他的朋友們要求他多種一些 （1棵）紅蘿蔔給他們。

這位農夫共種了多少棵**紅蘿蔔**？【2】

2. 這次農夫決定只種 1 **棵白蘿蔔**，但他的朋友們要求他多種一些 （2棵）白蘿蔔給他們。

這位農夫共種了多少棵**白蘿蔔**？【3】

3. 這次農夫決定只種 1 **棵高麗菜**，但他的朋友們要求他多種一些（3棵）高麗菜給他們。

這位農夫共種了多少棵**高麗菜**？【4】

4. 這次農夫決定只種 1 **棵蕃薯**，但他的朋友們要求他多種一些（4棵）蕃薯給他們。

這位農夫共種了多少棵**蕃薯**？【5】

〔六〕

A **不分類／加法**

1. 如果規定這四種蔬菜，農夫只能各種 1 棵，

那麼他共種了多少棵**紅蘿蔔**？【1】

2. 如果規定這四種蔬菜，農夫只能各種 1 棵，

那麼他共種了多少棵**紅蘿蔔**和**白蘿蔔**？【2】

3. 如果規定這四種蔬菜，農夫只能各種 1 棵，
   那麼他共種了多少棵紅蘿蔔、白蘿蔔和高麗菜？【3】

4. 如果規定這四種蔬菜，農夫只能各種 1 棵，
   那麼他共種了多少棵紅蘿蔔和高麗菜？【2】

〔七〕

A　不分類／數數

1. 這位農夫想種 3 棵紅蘿蔔和 1 棵白蘿蔔，
   你可以幫忙種下去嗎？

2. 這位農夫想種 2 棵白蘿蔔和 3 棵高麗菜，
   你可以幫忙種下去嗎？

3. 這位農夫想種 1 棵高麗菜和 2 棵蕃薯，
   你可以幫忙種下去嗎？

4. 這位農夫想種 4 棵蕃薯和 1 棵紅蘿蔔，
   你可以幫忙種下去嗎？

B　不分類／加法

1. 他共種了多少棵蔬菜？【4】

2. 他共種了多少棵蔬菜？【5】

3. 他共種了多少棵蔬菜？【3】

4. 他共種了多少棵蔬菜？【5】

〔八〕

1. 現在，農夫的菜園種了 5 **棵紅蘿蔔**，但有個暴風雨來了，沖掉了 1 **棵紅蘿蔔**。

   ⑴ 你可以從農夫的菜園中拿出這些數目的**紅蘿蔔**嗎？

   ⑵ 菜園中還剩下多少棵**紅蘿蔔**呢？【4】

2. 現在，農夫的菜園種了 5 **棵白蘿蔔**，但有個暴風雨來了，沖掉了 2 **棵白蘿蔔**。

   ⑴ 你可以從農夫的菜園中拿出這些數目的**白蘿蔔**嗎？

   ⑵ 菜園中還剩下多少棵**白蘿蔔**呢？【3】

3. 現在，農夫的菜園種了 5 **棵高麗菜**，但有個暴風雨來了，沖掉了 3 **棵高麗菜**。

   ⑴ 你可從農夫的菜園中拿出這些數目的**高麗菜**嗎？

   ⑵ 菜園中還剩下多少棵**高麗菜**呢？【2】

4. 現在，農夫的菜園種了 5 **棵蕃薯**，但有個暴風雨來了，沖掉了 4 **棵蕃薯**。

   ⑴ 你可從農夫的菜園中拿出這些數目的**蕃薯**嗎？

   ⑵ 菜園中還剩下多少棵**蕃薯**呢？【1】

第四單元

◑ **教材：**

1. 一張農場的故事板。
2. 各種農場動物的卡片組（雞、豬、牛、羊）（每種五張）。

◑ **活動指導：**

1. 要求學生模仿他們所想的不同種動物的聲音，包括馬、牛、羊、雞、狗、貓、鵝、豬……等。
2. 重複此遊戲，指定一學生發出聲音，而叫另外的學生辨識為何種動物。

◑ **教師說明：**

—你們知道「王老先生有塊地」這首歌嗎？（唱一次這首歌）

—王老先生有一些雞、牛、羊及豬。

—雞怎麼叫呢？（ㄍㄜ ㄍㄜ）牛怎麼叫呢？（ㄇㄡˊ ㄇㄡˊ）羊怎麼叫呢？（ㄇㄝ ㄇㄝ）豬怎麼叫呢？（ㄍㄡ ㄍㄡ）

—好，讓我們今天假裝到農場去。（出示故事板）

口語應用問題教材：第一階段

〔一〕

A　不分類／不說數量／計算

1. 讓我們來瞧瞧，王老先生在他的農場中有些什麼？我看到了一些（4隻）雞。

   你能夠告訴我，你看到多少隻**雞**嗎？【4】

2. 讓我們來瞧瞧，王老先生在他的農場中有些什麼？我看到了一些（3頭）牛。

   你能夠告訴我，你看到多少頭**牛**嗎？【3】

3. 讓我們來瞧瞧，王老先生在他的農場中有些什麼？我看到了一些（2隻）羊。

   你能夠告訴我，你看到多少隻**羊**嗎？【2】

4. 讓我們來瞧瞧，王老先生在他的農場中有些什麼？我可以看到一些（1隻）豬。

   你能夠告訴我，你看到多少隻**豬**嗎？【1】

〔二〕

A　不分類／數數

1. 我們有這些（5個）空位可以養**雞**，我們已經養了 1 隻雞。

   那麼可以在農場中再多養幾隻**雞**呢？【4】

2. 我們有這些（5個）空位可以養**牛**，我們已經養了 2 頭牛。

   那麼可以在農場中再多養幾頭**牛**呢？【3】

3. 我們有這些（5個）空位可以養**羊**，我們已經養了 3 隻羊。

   那麼可以在農場中再多養幾隻**羊**呢？【2】

4. 我們有這些（5 個）空位可以養**豬**，我們已經養了 4 **隻豬**。
   那麼可以在農場中再多養幾隻**豬**呢？【1】

〔三〕

A 不分類／不說數量／數數

1. 一大早有一些（2 **隻**）**雞**跑進農場中，
   你能說出這些數目嗎？【2】
2. 一大早有一些（2 **頭**）**牛**跑進農場中，
   你能說出這些數目嗎？【2】
3. 一大早有一些（2 **隻**）**羊**跑進農場中，
   你能說出這些數目嗎？【2】
4. 一大早有一些（2 **隻**）**豬**跑進農場中，
   你能說出這些數目嗎？【2】

B 不分類／加法

1. 如果再多加進 1 **隻雞**到農場中，
   現在在農場中共有多少隻**雞**呢？【3】
2. 如果再多加進 2 **頭牛**到農場中，
   現在在農場中共有多少頭**牛**呢？【4】
3. 如果再多加進 3 **隻羊**到農場中，
   現在在農場中共有多少隻**羊**呢？【5】
4. 如果再多加進 1 **隻豬**到農場中，
   現在在農場中共有多少隻**豬**呢？【3】

〔四〕

A 不分類／無關資料／不說數量／空集合

1. 我在農場中養了一些（1隻）牛、（2隻）羊及（1隻）豬。
   現在在農場中有多少隻**雞**？【0】
2. 我在農場中養了一些（2隻）雞、（2隻）羊及（1隻）豬。
   現在在農場中有多少頭**牛**？【0】
3. 我在農場中養了一些（1隻）牛、（2隻）豬及（1隻）雞。
   現在在農場中有多少隻**羊**？【0】
4. 我在農場中養了一些（2隻）雞、（1隻）羊及（1隻）牛。
   現在在農場中有多少隻**豬**？【0】

B 不分類／無關資料／不說數量／加法

1. 共有多少隻**牛**和**羊**呢？【3】
2. 共有多少隻**豬**和**雞**呢？【3】
3. 共有多少隻**牛**和**豬**呢？【3】
4. 共有多少隻**羊**和**雞**呢？【3】

〔五〕

A 不分類／數數

1. 有一回農場裡養了 5 **隻雞**，由於牠們受到驚嚇，結果 1 **隻雞**跑掉了。
   你可以把跑掉的雞從圖卡上拿走嗎？
2. 有一回農場裡養了 5 **頭牛**，由於牠們受到驚嚇，結果 2 **頭牛**跑掉了。
   你可以把跑掉的牛從圖卡上拿走嗎？

3. 有一回農場裡養了 5 **隻羊**，由於牠們受到驚嚇，結果 3 **隻羊**跑掉了。
   你可以把跑掉的羊從圖卡上拿走嗎？

4. 有一回農場裡養了 5 **頭豬**，由於牠們受到驚嚇，結果 4 **隻豬**跑掉了。
   你可以把跑掉的豬從圖卡上拿走嗎？

B　不分類／減法

1. 現在農場中有多少隻**雞**呢？【4】
2. 現在農場中有多少頭**牛**呢？【3】
3. 現在農場中有多少隻**羊**呢？【2】
4. 現在農場中有多少隻**豬**呢？【1】

〔六〕

A　不分類／不說數量／數數

1. 有人來到農場買了一些（4 隻）雞，他說他要買全部，也就是這些（4
   隻）雞。
   請拿這些給他。

2. 有人來到農場買了一些（3 頭）牛，他說他要買全部，也就是這些（3
   頭）牛。
   請拿這些給他。

3. 有人來到農場買了一些（2 隻）羊，他說他要買全部，也就是這些（2
   隻）羊。
   請拿這些給他。

4. 有人來到農場買了一些（1 隻）豬，他說他要買全部，也就是這些（1
   隻）豬。
   請拿這些給他。

1. 現在在農場中有多少隻**雞**呢？【0】
2. 現在在農場中有多少頭**牛**呢？【0】
3. 現在在農場中有多少隻**羊**呢？【0】
4. 現在在農場中有多少隻**豬**呢？【0】

〔七〕

A　　不分類／不說數量／一對一對應

1. 如果我們看看這農場，我們可以看到一些（2 隻）雞。
   請從農場外（其餘的卡片中）找出與這數目相同的**豬**的圖片配對。
2. 如果我們看看這農場，我們可以看到一些（3 頭）牛。
   請從農場外（其餘的卡片中）找出與這數目相同的**羊**的圖片配對。
3. 如果我們看看這農場，我們可以看到一些（4 隻）羊。
   請從農場外（其餘的卡片中）找出與這數目相同的**牛**的圖片配對。
4. 如果我們看看這農場，我們可以看到一些（5 隻）豬。
   請從農場外（其餘的卡片中）找出與這數目相同的**雞**的圖片配對。

◑ 補充活動：

　　1. 用一支粉筆在地板上畫個圈。

　　2. 告訴學生這個圈是個籬笆。

　　3. 使用動物卡，指引學生將動物放入<u>圈中</u>、<u>圈外</u>、<u>圈上</u>。
　　　　例如，你可以說：「將所有雞放入圈中。」

第五單元

◐ 教材:

1. 一張動物園的故事板。

2. 各種野生動物的卡片組(大象、斑馬、鸚鵡、猴子)(每種九張)。

◐ 活動指導:

1. 告訴學生他們要決定動物是大或小。

若他們認為此動物大於馬則說「大」,若他們認為此動物小於馬則說「小」。

(大動物之例子如:大象、犀牛、河馬、長頸鹿及大猩猩)

(小動物之例子如:猴子、狐狸、狼、蛇及鸚鵡)

2. 你也可以要求學生說出他們想假扮成為哪一種動物,並解釋為什麼。

◐ 教師說明:

—假裝我們正在參觀一個動物園,這是個小動物園,一次只能容納九隻動物。

—這是個特殊的動物園,因為它沒有籠子,這些動物可以自由走動。

—在這個動物園中,有四種動物:大象、斑馬、鸚鵡及猴子。(出示卡片)

—現在你將扮演動物園的管理員,並幫我搬移這些動物。

〔一〕

A 不分類／計算

1. 你好，管理員先生，請將 5 隻**大象**放在動物園中。
   請問還能容納多少隻**大象**呢？【4】

2. 你好，管理員先生，請將 6 隻**斑馬**放在動物園中。
   請問還能容納多少隻**斑馬**呢？【3】

3. 你好，管理員先生，請將 7 隻**鸚鵡**放在動物園中。
   請問還能容納多少隻**鸚鵡**呢？【2】

4. 你好，管理員先生，請將 8 隻**猴子**放在動物園中。
   請問還能容納多少隻**猴子**呢？【1】

〔二〕

A 不分類／數數

1. 讓我們將 9 個空位都放入**大象**。
   現在有 2 隻**大象**要離開這個動物園，請幫我拿掉這些數目的動物。

2. 讓我們將 9 個空位都放入**斑馬**。
   現在有 4 隻**斑馬**要離開這個動物園，請幫我拿掉這些數目的動物。

3. 讓我們將 9 個空位都放入**鸚鵡**。
   現在有 6 隻**鸚鵡**要離開這個動物園，請幫我拿掉這些數目的動物。

4. 讓我們將 9 個空位都放入**猴子**。
   現在有 8 隻**猴子**要離開這個動物園，請幫我拿掉這些數目的動物。

不分類／減法

1. 現在在動物園中還剩下多少隻**大象**？【7】
2. 現在在動物園中還剩下多少隻**斑馬**？【5】
3. 現在在動物園中還剩下多少隻**鸚鵡**？【3】
4. 現在在動物園中還剩下多少隻**猴子**？【1】

〔三〕

A **不分類／數數**

1. 有一天，小朋友從學校來到你的動物園，他們看到動物園中有 8 隻**大象**。
   (1) 現在讓我將他們放在動物園中。
   (2) 然後你，管理員先生，請再多帶 1 隻**大象**來，並放入動物園中。
2. 有一天，小朋友從學校來到你的動物園，他們看到動物園中有 7 隻**斑馬**。
   (1) 現在讓我將他們放在動物園中。
   (2) 然後你，管理員先生，請再多帶 1 隻**斑馬**來，並放入動物園中。
3. 有一天，小朋友從學校來到你的動物園，他們看到動物園中有 6 隻**鸚鵡**。
   (1) 現在讓我將他們放在動物園中。
   (2) 然後你，管理員先生，請再多帶 1 隻**鸚鵡**來，並放入動物園中。
4. 有一天，小朋友從學校來到你的動物園，他們看到動物園中有 5 隻**猴子**。
   (1) 現在讓我將他們放在動物園中。
   (2) 然後你，管理員先生，請再多帶 1 隻**猴子**來，並放入動物園中。

1. 現在動物園中有多少隻**大象**呢？【9】
2. 現在動物園中有多少隻**斑馬**呢？【8】
3. 現在動物園中有多少隻**鸚鵡**呢？【7】
4. 現在動物園中有多少隻**猴子**呢？【6】

〔四〕

A　不分類／數數

1. 這一天，有 2 **隻大象**在動物園中，然後你，管理員先生，又多帶來了 5 **隻大象**。

   請你將這些動物放進動物園中。

2. 這一天，有 3 **隻斑馬**在動物園中，然後你，管理員先生，又多帶來了 4 **隻斑馬**。

   請你將這些動物放進動物園中。

3. 這一天，有 4 **隻鸚鵡**在動物園中，然後你，管理員先生，又多帶來了 2 **隻鸚鵡**。

   請你將這些動物放進動物園中。

4. 這一天，有 5 **隻猴子**在動物園中，然後你，管理員先生，又多帶來了 3 **隻猴子**。

   請你將這些動物放進動物園中。

B　不分類／加法

1. 現在在動物園中共有多少隻**大象**？【7】
2. 現在在動物園中共有多少隻**斑馬**？【7】
3. 現在在動物園中共有多少隻**鸚鵡**？【6】

4. 現在在動物園中共有多少隻**猴子**？【8】

〔五〕

A 分類／不説數量／加法

1. 今天小朋友到動物園去參觀時，看到了一些（2 隻）**大象**及（4 隻）**斑馬**。

   在動物園中，一共有多少隻動物在動物園中？【6】

2. 今天小朋友到動物園去參觀時，看到了一些（4 隻）**斑馬**及（3 隻）**鸚鵡**。

   在動物園中，一共有多少隻動物在動物園中？【7】

3. 今天小朋友到動物園去參觀時，看到了一些（2 隻）**鸚鵡**及（6 隻）**猴子**。

   在動物園中，一共有多少隻動物在動物園中？【8】

4. 今天小朋友到動物園去參觀時，看到了一些（3 隻）**猴子**及（6 隻）**大象**。

   在動物園中，一共有多少隻動物在動物園中？【9】

B 不分類／無關資料／空集合

1. 在動物園中有多少隻**鸚鵡**呢？【0】

2. 在動物園中有多少隻**猴子**呢？【0】

3. 在動物園中有多少隻**大象**呢？【0】

4. 在動物園中有多少隻**斑馬**呢？【0】

〔六〕

A 　不分類／不說數量／減法

1. 在動物園中有一些（9 隻）**大象**，後來有 1 隻**大象**逃走了。
   （說話的同時，需從動物園中移走一隻動物，且要讓學生看見）
   現在剩下多少隻**大象**呢？【8】
2. 在動物園中有一些（8 隻）**斑馬**，後來有 1 隻**斑馬**逃走了。
   （說話的同時，需從動物園中移走一隻動物，且要讓學生看見）
   現在剩下多少隻**斑馬**呢？【7】
3. 在動物園中有一些（7 隻）**鸚鵡**，後來有 1 隻**鸚鵡**逃走了。
   （說話的同時，需從動物園中移走一隻動物，且要讓學生看見）
   現在剩下多少隻**鸚鵡**呢？【6】
4. 在動物園中有一些（6 隻）**猴子**，後來有 1 隻**猴子**逃走了。
   （說話的同時，需從動物園中移走一隻動物，且要讓學生看見）
   現在剩下多少隻**猴子**呢？【5】

〔七〕

A 　不分類／無關資料／計算

1. 讓我們將動物園中住滿下面這些動物：3 隻**大象**、2 隻**斑馬**、3 隻**鸚鵡**、1 隻**猴子**。再將所有的**大象**和**斑馬**拿走，並排成一排。
   ⑴ 請算算看，有多少隻動物要被我們拿出動物園？【5】
   ⑵ 還有多少隻動物留在動物園中呢？【4】
2. 讓我們將動物園中住滿下面這些動物：2 隻**大象**、4 隻**斑馬**、1 隻**鸚鵡**、2 隻**猴子**。再將所有的**斑馬**和**鸚鵡**拿走，並排成一排。

(1) 請算算看，有多少隻動物要被我們拿出動物園？【5】

(2) 還有多少隻動物留在動物園中呢？【4】

3. 讓我們將動物園中住滿下面這些動物：1 隻大象、2 隻斑馬、4 隻鸚鵡、2 隻猴子。再將所有的**斑馬**和**鸚鵡**和**猴子**拿走，並排成一排。

(1) 請算算看，有多少隻動物要被我們拿出動物園？【8】

(2) 還有多少隻動物留在動物園中呢？【1】

4. 讓我們將動物園中住滿下面這些動物：1 隻大象、3 隻斑馬、2 隻鸚鵡、3 隻猴子。再將所有的**大象**和**斑馬**和**鸚鵡**拿走，並排成一排。

(1) 請算算看，有多少隻動物要被我們拿出動物園？【6】

(2) 還有多少隻動物留在動物園中呢？【3】

〔八〕

A　不分類／無關資料／計算

1. 現在動物園又住滿了下面這些動物：5 隻**大象**、2 隻斑馬、1 隻鸚鵡和 1 隻**猴子**。

　　假如你只需餵食**大象**和**猴子**，那麼你需要餵食多少隻動物呢？【6】

2. 現在動物園又住滿了下面這些動物：1 隻大象、6 隻**斑馬**、1 隻**鸚鵡**和 1 隻猴子。

　　假如你只需餵食**斑馬**和**鸚鵡**，那麼你需要餵食多少隻動物呢？【7】

3. 現在動物園又住滿了下面這些動物：2 隻**大象**、1 隻**斑馬**、4 隻鸚鵡和 2 隻**猴子**。

　　假如你只需餵食**大象**、**斑馬**和**猴子**，那麼你需要餵食多少隻動物呢？【5】

4. 現在動物園又住滿了下面這些動物：3 隻大象、1 隻**斑馬**、1 隻**鸚鵡**和 4 隻**猴子**。

　　假如你只需餵食**斑馬**、**鸚鵡**和**猴子**，那麼你需要餵食多少隻動物呢？

【6】

| B | 分類／無關資料／計算 |

1. 還有多少隻動物會餓肚子呢？【3】
2. 還有多少隻動物會餓肚子呢？【2】
3. 還有多少隻動物會餓肚子呢？【4】
4. 還有多少隻動物會餓肚子呢？【3】

- -

❶ 補充活動：

1. 要學生自己造一個動物園。

2. 要求每個學生畫一個裡面關有一隻動物的籠子。（若學生不會畫
動物可從雜誌上剪下來）

3. 在佈告欄上寫上「動物園」這三個字。

4. 老師依序說出學生籠中出現的各種動物名稱，並要求學生將那種
動物籠貼在佈告欄上。

如：你可以說：「將所有雞放入園中。」

舉例 籠子可以貼上標記

如：大明→大象；小英→老虎……

第六單元

◑ **教材：**

   1. 一張玩具店的故事板。

   2. 各種玩具的卡片組（洋娃娃、棒球手套、足球、魔術箱）（每種九張）。

◑ **活動指導：**

   1. 跟學生玩一種遊戲。

   2. 你說一種玩具，而要學生們想出另一種玩具可以和你的玩具一起搭配著玩。

     舉例：你說「棒球」，而學生說「棒球手套」。

            你說「洋娃娃」，而學生說「娃娃屋」。

   3. 此活動也可再延伸。

   4. 說出二種玩具（但不能同時玩在一起），要學生說明為何二種玩具不能一起玩。

◑ **教師說明：**

   —今天我們要去蔣先生的玩具店，（出示故事板）而蔣先生有許多玩具在架子上。（出示卡片）你們有時會去店裡看看玩具嗎？

   —好！讓我們來瞧瞧蔣先生的玩具店。

〔一〕

不分類／計算

1. 蔣先生想要有 7 **個魔術箱**在店裡，

   ⑴ 幫他放上去吧！

   ⑵ 店裡一共有多少個**魔術箱**呢？【7】

2. 蔣先生想要有 5 **個洋娃娃**在店裡，

   ⑴ 幫他放上去吧！

   ⑵ 店裡一共有多少個**洋娃娃**呢？【5】

3. 蔣先生想要有 9 **個棒球手套**在店裡，

   ⑴ 幫他放上去吧！

   ⑵ 店裡一共有多少個**棒球手套**呢？【9】

4. 蔣先生想要有 6 **個足球**在店裡，

   ⑴ 幫他放上去吧！

   ⑵ 店裡一共有多少個**足球**呢？【6】

〔二〕

A **不分類／不說數量／數數**

1. 第二天，蔣先生在店中放置了一些（8 個）魔術箱。
   蔣先生的店裡有多少個**魔術箱**？【8】

2. 第二天，蔣先生在店中放置了一些（6 個）洋娃娃。
   蔣先生的店裡有多少個**洋娃娃**？【6】

3. 第二天，蔣先生在店中放置了一些（7 個）棒球手套。
   蔣先生的店裡有多少個**棒球手套**？【7】

4. 第二天，蔣先生在店中放置了一些（9個）足球。
   蔣先生的店裡有多少個足球？【9】

〔三〕

A　不分類／不說數量

1. 蔣先生在店裡放置了一些（3個）魔術箱。
   但他認為店裡的生意會很好，所以他又放了一些（4個）魔術箱在店裡，請幫他放一下吧！
2. 蔣先生在店裡放置了一些（4個）洋娃娃。
   但他認為店裡的生意會很好，所以他又放了一些（2個）洋娃娃在店裡，請幫他放一下吧！
3. 蔣先生在店裡放置了一些（2個）棒球手套。
   但他認為店裡的生意會很好，所以他又放了一些（6個）棒球手套在店裡，請幫他放一下吧！
4. 蔣先生在店裡放置了一些（6個）足球。
   但他認為店裡的生意會很好，所以他又放了一些（1個）足球在店裡，請幫他放一下吧！

B　不分類／加法

1. 現在店裡共有多少個魔術箱？【7】
2. 現在店裡共有多少個洋娃娃？【6】
3. 現在店裡共有多少個棒球手套？【8】
4. 現在店裡共有多少個足球？【7】

〔四〕

A 不分類／不說數量／無關資料／空集合

1. 我要幫蔣先生放置不同的玩具在店裡。
   我要放一些（2 個）**魔術箱**和（4 個）**洋娃娃**在店中，現在店中共有多少個**棒球手套**？【0】

2. 我要幫蔣先生放置不同的玩具在店裡。
   我要放一些（2 個）**洋娃娃**和（2 個）**棒球手套**在店中，現在店中共有多少個**足球**？【0】

3. 我要幫蔣先生放置不同的玩具在店裡。
   我要放一些（6 個）**棒球手套**和（3 個）**足球**在店中，現在店中共有多少個**魔術箱**？【0】

4. 我要幫蔣先生放置不同的玩具在店裡。
   我要放一些（8 個）**足球**和（1 個）**魔術箱**在店中，現在店中共有多少個**棒球手套**？【0】

〔五〕

A 不分類／數數

1. 在一個忙碌的日子裡，蔣先生放了 5 個**魔術箱**準備賣出去。
   結果他賣了其中的 2 個，請幫我拿掉它們。

2. 在一個忙碌的日子裡，蔣先生放了 7 個**洋娃娃**準備賣出去。
   結果他賣了其中的 3 個，請幫我拿掉它們。

3. 在一個忙碌的日子裡，蔣先生放了 6 個**棒球手套**準備賣出去。
   結果他賣了其中的 3 個，請幫我拿掉它們。

4. 在一個忙碌的日子裡，蔣先生放了 **9** 個足球準備賣出去。
   結果他賣了其中的 **1** 個，請幫我拿掉它們。

B　不分類／減法

1. 現在店裡還留有多少個**魔術箱**呢？【3】
2. 現在店裡還留有多少個**洋娃娃**呢？【4】
3. 現在店裡還留有多少個**棒球手套**呢？【3】
4. 現在店裡還留有多少個**足球**呢？【8】

〔六〕

A　不分類／一對一對應

1. 你願意幫我放置一些玩具在蔣先生的店裡嗎？我將放置 **2** 個魔術箱在店裡。
   你可以放置一樣多的**棒球手套**在店裡嗎？【2】
2. 你願意幫我放置一些玩具在蔣先生的店裡嗎？我將放置 **3** 個洋娃娃在店裡。
   你可以放置一樣多的**足球**在店裡嗎？【3】
3. 你願意幫我放置一些玩具在蔣先生的店裡嗎？我將放置 **4** 個棒球手套在店裡。
   你可以放置一樣多的**魔術箱**在店裡嗎？【4】
4. 你願意幫我放置一些玩具在蔣先生的店裡嗎？我將放置 **3** 個足球在店裡。
   你可以放置一樣多的**洋娃娃**在店裡嗎？【3】

B　分類／加法

1. 現在店裡共有多少個玩具呢？【4】

2. 現在店裡共有多少個玩具呢？【6】

3. 現在店裡共有多少個玩具呢？【8】

4. 現在店裡共有多少個玩具呢？【6】

〔七〕

A　不分類／計算

1. 讓我們把每一種玩具都放一些在店裡，這樣一來，人們將有選擇的機會。如果要擺 2 **個魔術箱**、2 **個洋娃娃**、2 **個棒球手套**和 2 **個足球**在店裡，你可以擺給我看嗎？

2. 讓我們把每一種玩具都放一些在店裡，這樣一來，人們將有選擇的機會。如果要擺 3 **個魔術箱**、3 **個洋娃娃**、1 **個棒球手套**和 1 **個足球**在店裡，你可以擺給我看嗎？

3. 讓我們把每一種玩具都放一些在店裡，這樣一來，人們將有選擇的機會。如果要擺 1 **個魔術箱**、1 **個洋娃娃**、4 **個棒球手套**和 3 **個足球**在店裡，你可以擺給我看嗎？

4. 讓我們把每一種玩具都放一些在店裡，這樣一來，人們將有選擇的機會。如果要擺 4 **個魔術箱**、1 **個洋娃娃**、2 **個棒球手套**和 2 **個足球**在店裡，你可以擺給我看嗎？

B　不分類／無關資料／減法

1. 你共擺置了多少個**魔術箱**和**洋娃娃**在店裡呢？【4】

2. 你共擺置了多少個**洋娃娃**和**棒球手套**在店裡呢？【4】

3. 你共擺置了多少個**洋娃娃**和**棒球手套**和**足球**在店裡呢？【8】

4. 你共擺置了多少個**魔術箱**和**洋娃娃**和**足球**在店裡呢？【7】

〔八〕

1. 這次，蔣先生想在每個空位上都擺上玩具。所以，他擺了一些（3個）魔術箱、（3個）洋娃娃和（3個）足球。
   他一共擺了多少個**魔術箱**和**足球**呢？【6】

2. 這次，蔣先生想在每個空位上都擺上玩具。所以，他擺了一些（4個）洋娃娃、（2個）棒球手套和（3個）足球。
   他一共擺了多少個**洋娃娃**和**足球**呢？【7】

3. 這次，蔣先生想在每個空位上都擺上玩具。所以，他擺了一些（5個）棒球手套、（2個）足球和（2個）魔術箱。
   他一共擺了多少個**棒球手套**和**足球**呢？【7】

4. 這次，蔣先生想在每個空位上都擺上玩具。所以，他擺了一些（6個）足球、（1個）魔術箱和（2個）洋娃娃。
   他一共擺了多少個**足球**和**洋娃娃**呢？【8】

1. 如果他賣掉 1 個**魔術箱**，
   那現在一共還有多少個**魔術箱**和**洋娃娃**被留下呢？【5】

2. 如果他賣掉 1 個**洋娃娃**，
   那現在一共還有多少個**洋娃娃**和**棒球手套**被留下呢？【5】

3. 如果他賣掉 1 個**棒球手套**，
   那現在一共還有多少個**棒球手套**和**魔術箱**被留下呢？【6】

4. 如果他賣掉 1 個**足球**，
   那現在一共還有多少個**足球**和**魔術箱**被留下呢？【6】

◖ 補充活動：

　1.給學生一張上面畫有購物架的紙。

　2.要求學生在廣告單、報紙或雜誌上尋找各種玩具的照片。

　3.並要求學生選擇性的剪下這些他們想要放在他們自己店裡的玩具。

第七單元

◑ 教材：

1. 二張水果樹的故事板。
2. 各種水果的卡片組（蘋果、香蕉、蜜李、水梨）。

◑ 活動指導：

1. 要求學生帶一種水果到教室。（你可以指定哪個學生帶哪一種水果來）
2. 將水果切成一小片、一小片。
3. 叫學生戴上眼罩，並且試著（藉由觸覺、味覺及嗅覺）來辨認它。
4. 和學生討論一下哪種水果他們嚐或聞或感覺起來最棒。
5. 在一張紙上畫上一棵大樹。
6. 叫學生先嚐水果，而不聞它（藉由捏住鼻子），來猜測是何種水果。

◑ 教師說明：

—當在同區域內有超過一棵的水果樹時，我們稱它為果園。那對你來說可能是個新單字，所以讓我們一起說一次「果園」。
—現在我們將有一個小果園，裡面種有二棵樹。（同時出示二張故事板）讓我們假裝這二棵樹將可以長蘋果、水梨、香蕉、蜜李。（出示卡片）
—讓我瞧瞧在我們果園中的水果樹，到底可以長多少水果呢？

〔一〕

1. 瞧瞧我們的這二棵樹，它們看起來很相似，不是嗎？為了辨識我們所談論的是哪一棵樹，我們可將左邊的樹稱為「一號樹」，而在右邊的樹稱為「二號樹」。

   (1) 讓我們長 2 **個蘋果**在一號樹上，請將它們放上去。

   (2) 現在將**蘋果**從一號樹上摘下來，將它們放進卡片堆中。

   (3) 然後將 5 **個蘋果**長到二號樹上。

2. 瞧瞧我們的這二棵樹，它們看起來很相似，不是嗎？為了辨識我們所談論的是哪一棵樹，我們可將左邊的樹稱為「一號樹」，而在右邊的樹稱為「二號樹」。

   (1) 讓我們長 3 **個水梨**在一號樹上，請將它們放上去。

   (2) 現在將**水梨**從一號樹上摘下來，將它們放進卡片堆中。

   (3) 然後將 4 **個水梨**長到二號樹上。

3. 瞧瞧我們的這二棵樹，它們看起來很相似，不是嗎？為了辨識我們所談論的是哪一棵樹，我們可將左邊的樹稱為「一號樹」，而在右邊的樹稱為「二號樹」。

   (1) 讓我們長 4 **根香蕉**在一號樹上，請將它們放上去。

   (2) 現在將**香蕉**從一號樹上摘下來，將它們放進卡片堆中。

   (3) 然後將 3 **根香蕉**長到二號樹上。

4. 瞧瞧我們的這二棵樹，它們看起來很相似，不是嗎？為了辨識我們所談論的是哪一棵樹，我們可將左邊的樹稱為「一號樹」，而在右邊的樹稱為「二號樹」。

(1) 讓我們長 5 **個蜜李**在一號樹上，請將它們放上去。

(2) 現在將**蜜李**從一號樹上摘下來，將它們放進卡片堆中。

(3) 然後將 2 **個蜜李**長到二號樹上。

〔二〕

A **不分類／不說數量／數數**

1. 在我們的果園裡將發生有趣的事，我們的水果將出現在一號樹上，然後有些會被移到二號樹上。

   注意看，一號樹現在有 5 **個蘋果**長在樹枝上。如果將一些（2 個）蘋果移到二號樹上。那麼二號樹上會有多少個**蘋果**呢？【2】

2. 在我們的果園裡將發生有趣的事，我們的水果將出現在一號樹上，然後有些會被移到二號樹上。

   注意看，一號樹現在有 5 **個水梨**長在樹枝上。如果將一些（1 個）水梨移到二號樹上。那麼二號樹上會有多少個**水梨**呢？【1】

3. 在我們的果園裡將發生有趣的事，我們的水果將出現在一號樹上，然後有些會被移到二號樹上。

   注意看，一號樹現在有 5 **根香蕉**長在樹枝上。如果將一些（4 根）香蕉移到二號樹上。那麼二號樹上會有多少根**香蕉**呢？【4】

4. 在我們的果園裡將發生有趣的事，我們的水果將出現在一號樹上，然後有些會被移到二號樹上。

   注意看，一號樹現在有 5 **個蜜李**長在樹枝上。如果將一些（3 個）蜜李移到二號樹上。那麼二號樹上會有多少個**蜜李**呢？【3】

B **不分類／減法**

1. 現在還有多少個**蘋果**長在一號樹上呢？【3】

2. 現在還有多少個**水梨**長在一號樹上呢？【4】

3. 現在還有多少根**香蕉**長在一號樹上呢？【1】

4. 現在還有多少個**蜜李**長在一號樹上呢？【2】

〔三〕

1. 讓我們算算到底有多少個**蘋果**在我們的果園中，我們就知道我們到底可以吃多少個水果。
   (1) 在一號樹上有 1 **個蘋果**，請將它們放在一號樹上。
   (2) 在二號樹上有 2 **個蘋果**，請將它們放在二號樹上。

2. 讓我們算算到底有多少個**水梨**在我們的果園中，我們就知道我們到底可以吃多少個水果。
   (1) 在一號樹上有 2 **個水梨**，請將它們放在一號樹上。
   (2) 在二號樹上有 1 **個水梨**，請將它們放在二號樹上。

3. 讓我們算算到底有多少根**香蕉**在我們的果園中，我們就知道我們到底可以吃多少個水果。
   (1) 在一號樹上有 3 **根香蕉**，請將它們放在一號樹上。
   (2) 在二號樹上有 1 **根香蕉**，請將它們放在二號樹上。

4. 讓我們算算到底有多少個**蜜李**在我們的果園中，我們就知道我們到底可以吃多少個水果。
   (1) 在一號樹上有 4 **個蜜李**，請將它們放在一號樹上。
   (2) 在二號樹上有 2 **個蜜李**，請將它們放在二號樹上。

1. 總共有多少個**蘋果**正長在我們的果園裡呢？【3】

2. 總共有多少個**水梨**正長在我們的果園裡呢？【3】

3. 總共有多少根**香蕉**正長在我們的果園裡呢？【4】

4. 總共有多少個**蜜李**正長在我們的果園裡呢？【6】

〔四〕

A **不分類／減法**

1. 現在一號樹上有 **2 個**成熟的蘋果，在二號樹上有 **3 個**成熟的蘋果。
   如果把一號樹上所有的**蘋果**都摘下來，那麼還要從二號樹上摘下幾個
   蘋果，才會只剩下 **1 個蘋果**在我們的果樹上呢？【2】

2. 現在一號樹上有 **3 個**成熟的水梨，在二號樹上有 **2 個**成熟的水梨。
   如果把一號樹上所有的**水梨**都摘下來，那麼還要從二號樹上摘下幾個
   水梨，才會只剩下 **1 個水梨**在我們的果樹上呢？【1】

3. 現在一號樹上有 **1 根**成熟的香蕉，在二號樹上有 **4 根**成熟的香蕉。
   如果把一號樹上所有的**香蕉**都摘下來，那麼還要從二號樹上摘下幾根
   香蕉，才會只剩下 **1 根香蕉**在我們的果樹上呢？【3】

4. 現在一號樹上有 **4 個**成熟的蜜李，在二號樹上有 **1 個**成熟的蜜李。
   如果把一號樹上所有的**蜜李**都摘下來，那麼還要從二號樹上摘下幾個
   蜜李，才會只剩下 **1 個蜜李**在我們的果樹上呢？【0】

〔五〕

A **不分類／數數**

1. 有些果園有神奇樹，可以長不同的水果，讓我們來看看我們的果園。
   (1) 一號樹上長有 **3 個蘋果**，請將它們放在一號樹上。
   (2) 二號樹上長有 **3 個蘋果**，請將它們放在二號樹上。

2. 有些果園有神奇樹，可以長不同的水果，讓我們來看看我們的果園。
   (1) 一號樹上長有 **4 個水梨**，請將它們放在一號樹上。

⑵ 二號樹上長有 4 **個水梨**，請將它們放在二號樹上。

3. 有些果園有神奇樹，可以長不同的水果，讓我們來看看我們的果園。

⑴ 一號樹上長有 2 **根香蕉**，請將它們放在一號樹上。

⑵ 二號樹上長有 2 **根香蕉**，請將它們放在二號樹上。

4. 有些果園有神奇樹，可以長不同的水果，讓我們來看看我們的果園。

⑴ 一號樹上長有 5 **個蜜李**，請將它們放在一號樹上。

⑵ 二號樹上長有 5 **個蜜李**，請將它們放在二號樹上。

B　分類／加法

1. 有多少個水果長在我們的果園中呢？【6】

2. 有多少個水果長在我們的果園中呢？【8】

3. 有多少個水果長在我們的果園中呢？【4】

4. 有多少個水果長在我們的果園中呢？【10】

〔六〕

A　分類／加法

1. 看看我們的二棵神奇樹。

你可以告訴我，二棵樹總共要長出【7】個水果的任意二種方法嗎？

（每棵樹上至少都需種有 1 個水果）

2. 看看我們的二棵神奇樹。

你可以告訴我，二棵樹總共要長出【8】個水果的任意二種方法嗎？

（每棵樹上至少都需種有 1 個水果）

3. 看看我們的二棵神奇樹。

你可以告訴我，二棵樹總共要長出【6】個水果的任意二種方法嗎？

（每棵樹上至少都需種有 1 個水果）

4. 看看我們的二棵神奇樹。

你可以告訴我，二棵樹總共要長出【10】個水果的任意二種方法嗎？
（每棵樹上至少都需種有 1 個水果）

〔七〕

A　分類／奇數—偶數

1. 這次我們的果園中，我要看到奇數個**蘋果**長在一號樹上。
   (1) 你能告訴我，有哪些方式呢？【1、3 或 5 個蘋果】
   (2) 你能告訴我在二號樹上有偶數個**蘋果**的方法嗎？【2 或 4 個蘋果】
2. 這次我們的果園中，我要看到偶數個**水梨**長在一號樹上。
   (1) 你能告訴我，有哪些方式呢？【2 或 4 個水梨】
   (2) 你能告訴我在二號樹上有奇數個**水梨**的方法嗎？【1、3 或 5 個水梨】
3. 這次我們的果園中，我要看到奇數根**香蕉**長在一號樹上。
   (1) 你能告訴我，有哪些方式呢？【1、3 或 5 根香蕉】
   (2) 你能告訴我在二號樹上有偶數根**香蕉**的方法嗎？【2 或 4 根香蕉】
4. 這次我們的果園中，我要看到奇數個**蜜李**長在一號樹上。
   (1) 你能告訴我，有哪些方式呢？【1、3 或 5 個蜜李】
   (2) 你能告訴我在二號樹上有偶數個**蜜李**的方法嗎？【2 或 4 個蜜李】

B　分類／奇數—偶數

1. 現在，在我們果園中一號樹上的水果是奇數還是偶數呢？【奇數個】
2. 現在，在我們果園中一號樹上的水果是奇數還是偶數呢？【偶數個】
3. 現在，在我們果園中二號樹上的水果是奇數還是偶數呢？【偶數個】
4. 現在，在我們果園中一號樹上的水果是奇數還是偶數呢？【奇數個】

〔八〕

分類／加法

1. 讓我們想像，我們的果樹中，有一棵可以長出二種水果，那將是一棵神奇樹，不是嗎？讓我們長 2 **個蘋果**和 1 **根香蕉**在一號樹上，讓我們長 3 **個蜜李**在二號樹上。
   現在我們的樹上總共有多少個水果呢？【6】

2. 讓我們想像，我們的果樹中，有一棵可以長出二種水果，那將是一棵神奇樹，不是嗎？讓我們長 1 **個水梨**和 1 **個蜜李**在一號樹上，讓我們長 2 **個蘋果**在二號樹上。
   現在我們的樹上總共有多少個水果呢？【4】

3. 讓我們想像，我們的果樹中，有一棵可以長出二種水果，那將是一棵神奇樹，不是嗎？讓我們長 3 **個蜜李**和 1 **個蘋果**在一號樹上，讓我們長 4 **根香蕉**在二號樹上。
   現在我們的樹上總共有多少個水果呢？【8】

4. 讓我們想像，我們的果樹中，有一棵可以長出二種水果，那將是一棵神奇樹，不是嗎？讓我們長 2 **個水梨**和 2 **根香蕉**在一號樹上，讓我們長 3 **個蘋果**在二號樹上。
   現在我們的樹上總共有多少個水果呢？【7】

B **不分類／無關資料／加法**

1. 一共有多少個**蘋果**和**蜜李**正長在果園中呢？【5】
2. 一共有多少個**水梨**和**蘋果**正長在果園中呢？【3】
3. 一共有多少個**蜜李**和**香蕉**正長在果園中呢？【7】
4. 一共有多少個**蘋果**和**香蕉**正長在果園中呢？【5】

1. 共有多少個**水梨**正長在我們的果園中呢？【0】
2. 共有多少根**香蕉**正長在我們的果園中呢？【0】
3. 共有多少個**水梨**正長在我們的果園中呢？【0】
4. 共有多少個**蜜李**正長在我們的果園中呢？【0】

◑ 補充活動：

　　1. 跟學生解釋我們可以利用樹的方式。

　　2. 其中之一就是製成木頭。

　　　（同時要求學生辨認在教室中的東西，哪些是由木頭製成的）

　　3. 並利用佈告欄來展示由雜誌上剪下來的木頭製品的照片。

第八單元

● 教材：

　　*1.*二張街景的故事板。

　　*2.*各種車輛的卡片組（小汽車、旅行車、大巴士、卡車）。

● 活動指導：

　　*1.*介紹一首有關大巴士的歌曲。

● 教師說明：

　　—大部分的都市不只有一條路，對不對？那也就是為什麼我們必須
　　　為街道命名的理由，當我們要指引某人去找某個商店或房子時，
　　　我們會告訴他「街名」。

　　—讓我們看看這兩條街。（出示故事板）
　　　學生的左邊為第一街，而學生的右邊為第二街。

〔一〕

A　不分類／不說數量／一對一對應

1. 我們放一些（3輛）卡車在第一街上。
　　有誰可以放相同數量的卡車（3輛）在第二街上呢？

2. 我們放一些（2輛）旅行車在第一街上。

　　有誰可以放相同數量的**旅行車（2輛）**在第二街上呢？

3. 我們放一些（4輛）小汽車在第一街上。

　　有誰可以放相同數量的**小汽車（4輛）**在第二街上呢？

4. 我們放一些（5輛）大巴士在第一街上。

　　有誰可以放相同數量的**大巴士（5輛）**在第二街上呢？

B　分類／加法

1. 共有多少輛車在二條街上呢？【6】
2. 共有多少輛車在二條街上呢？【4】
3. 共有多少輛車在二條街上呢？【8】
4. 共有多少輛車在二條街上呢？【10】

〔二〕

A　不分類／數數

1. 現在第一街上只有 1 **輛大巴士**在行駛，

　　⑴ 請將它們放在第一街上。

　　⑵ 但是第二街上有 2 **輛大巴士**，請將它們放在第二街上。

2. 現在第一街上只有 1 **輛小汽車**在行駛，

　　⑴ 請將它們放在第一街上。

　　⑵ 但是第二街上有 3 **輛小汽車**，請將它們放在第二街上。

3. 現在第一街上只有 1 **輛旅行車**在行駛，

　　⑴ 請將它們放在第一街上。

　　⑵ 但是第二街上有 4 **輛旅行車**，請將它們放在第二街上。

4. 現在第一街上只有 1 **輛卡車**在行駛，

　　⑴ 請將它們放在第一街上。

⑵ 但是第二街上有1輛卡車，請將它們放在第二街上。

B 不分類／加法

1. 現在兩條街上共有多少輛大巴士？【3】
2. 現在兩條街上共有多少輛小汽車？【4】
3. 現在兩條街上共有多少輛旅行車？【5】
4. 現在兩條街上共有多少輛卡車？【2】

〔三〕

A 分類／不說數量／一對一對應

1. 我們來看看第一街，我們可看見一些（3輛）大巴士和（1輛）小汽
   車；在第二街上，我們可看見一些（2輛）旅行車和（2輛）卡車。
   現在在第一街和第二街上的車輛數是不是相同呢？【是】
2. 我們來看看第一街，我們可看見一些（2輛）小汽車和（1輛）旅行
   車；在第二街上，我們可看見一些（1輛）卡車和（2輛）大巴士。
   現在在第一街和第二街上的車輛數是不是相同呢？【是】
3. 我們來看看第一街，我們可看見一些（2輛）旅行車和（2輛）卡車；
   在第二街上，我們可看見一些（2輛）大巴士和（3輛）小汽車。
   現在在第一街和第二街上的車輛數是不是相同呢？【不相同】
4. 我們來看看第一街，我們可看見一些（1輛）卡車和（3輛）大巴士；
   在第二街上，我們可看見一些（3輛）小汽車和（2輛）旅行車。
   現在在第一街和第二街上的車輛數是不是相同呢？【不相同】

B 分類／加法

1. 在第一街及第二街上，共有多少車輛？【8】
2. 在第一街及第二街上，共有多少車輛？【6】

3. 在第一街及第二街上，共有多少車輛？【9】

4. 在第一街及第二街上，共有多少車輛？【9】

C 分類／無關資料／數數

1. 在第一街上，有多少車輛呢？【4】

2. 在第一街上，有多少車輛呢？【3】

3. 在第一街上，有多少車輛呢？【4】

4. 在第一街上，有多少車輛呢？【4】

〔四〕

（教師需延續使用〔三〕A. 的題目）

A 分類／數數

1. 我想在第一街上找空位來停車，

   (1) 你可以告訴我共有多少個空位嗎？【5】

   (2) 有相同數目的空位在第二街上嗎？【是】

2. 我想在第一街上找空位來停車，

   (1) 你可以告訴我共有多少個空位嗎？【6】

   (2) 有相同數目的空位在第二街上嗎？【是】

3. 我想在第一街上找空位來停車，

   (1) 你可以告訴我共有多少個空位嗎？【5】

   (2) 有相同數目的空位在第二街上嗎？【不相同】

4. 我想在第一街上找空位來停車，

   (1) 你可以告訴我共有多少個空位嗎？【5】

   (2) 有相同數目的空位在第二街上嗎？【不相同】

B **分類／數數**

1. 好吧！讓我們再放 3 輛大巴士在第一街上，及 1 輛卡車在第二街上。
   在第一、二街上還有多少空位剩下呢？【6】

2. 好吧！讓我們再放 2 輛小汽車在第一街上，及 1 輛旅行車在第二街上。
   在第一、二街上還有多少空位剩下呢？【9】

3. 好吧！讓我們再放 4 輛旅行車在第一街上，及 2 輛大巴士在第二街上。
   在第一、二街上還有多少空位剩下呢？【3】

4. 好吧！讓我們再放 4 輛卡車在第一街上，及 3 輛小汽車在第二街上。
   在第一、二街上還有多少空位剩下呢？【2】

〔五〕

A **不分類／減法**

1. 今天我看見了 3 輛大巴士在第一街上，和 4 輛小汽車在第二街。
   如果有 2 輛小汽車從第二街開往第一街，那麼，是不是有足夠的空間
   可容納這些車輛呢？【是】

2. 今天我看見了 3 輛小汽車在第一街上，和 4 輛旅行車在第二街。
   如果有 1 輛旅行車從第二街開往第一街，那麼，是不是有足夠的空間
   可容納這些車輛呢？【是】

3. 今天我看見了 3 輛旅行車在第一街上，和 4 輛卡車在第二街。
   如果有 2 輛卡車從第二街開往第一街，那麼，是不是有足夠的空間可
   容納這些車輛呢？【是】

4. 今天我看見了 3 輛卡車在第一街上，和 4 輛大巴士在第二街。
   如果有 0 輛大巴士從第二街開往第一街，那麼，是不是有足夠的空間
   可容納這些車輛呢？【是】

1. 共有多少車輛在第一街上呢？【5】
2. 共有多少車輛在第一街上呢？【4】
3. 共有多少車輛在第一街上呢？【5】
4. 共有多少車輛在第一街上呢？【3】

C 不分類／無關資料／數數

1. 在第二街上，還有多少輛小汽車呢？【2】
2. 在第二街上，還有多少輛旅行車呢？【3】
3. 在第二街上，還有多少輛卡車呢？【2】
4. 在第二街上，還有多少輛大巴士呢？【4】

〔六〕

A 不分類／無關資料／不說數量／加法

1. 我將放一些（2輛）大巴士、（2輛）小汽車、（1輛）旅行車在第一街上。然後我再放一些（1輛）小汽車、（3輛）旅行車、（1輛）卡車在第二街上。

   (1) 現在，這二條街上，共有多少輛大巴士呢？【2】
   (2) 在這二條街上，共有多少輛小汽車和旅行車呢？【7】

2. 我將放一些（3輛）小汽車、（1輛）旅行車、（1輛）卡車在第一街上。然後我再放一些（1輛）旅行車、（2輛）卡車、（2輛）大巴士在第二街上。

   (1) 現在，這二條街上，共有多少輛卡車呢？【3】
   (2) 在這二條街上，共有多少輛卡車和旅行車呢？【5】

3. 我將放一些（1輛）旅行車、（2輛）卡車、（1輛）大巴士、（1

輛）小汽車在第一街上。然後我再放一些（2 輛）卡車、（1 輛）大巴士、（1 輛）小汽車、（1 輛）旅行車在第二街上。

(1) 現在，這二條街上，共有多少輛小汽車呢？【2】

(2) 在這二條街上，共有多少輛大巴士和小汽車呢？【4】

4. 我將放一些（1 輛）卡車、（1 輛）大巴士、（1 輛）小汽車、（2 輛）旅行車在第一街上。然後我再放一些（2 輛）大巴士、（1 輛）小汽車、（1 輛）旅行車、（1 輛）卡車在第二街上。

(1) 現在，這二條街上，共有多少輛旅行車呢？【3】

(2) 在這二條街上，共有多少輛小汽車和卡車呢？【4】

B 分類／無關資料／減法

1. 在這二條街上，不是小汽車的車共有幾輛？【7】
2. 在這二條街上，不是小汽車的車共有幾輛？【7】
3. 在這二條街上，不是小汽車的車共有幾輛？【8】
4. 在這二條街上，不是小汽車的車共有幾輛？【8】

◐ 補充活動：

　　1.利用紙剪出圓形和長方形。

　　2.要學生黏貼在一張紙，以形成卡車圖形的拼圖。

　　3.並要學生說一個關於卡車可以做什麼的故事（如送牛奶或送信）。

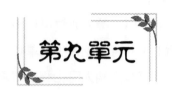

◑ 教材：

    1. 二張菜園的故事板。

    2. 各種蔬菜的卡片組（白蘿蔔、紅蘿蔔、蕃薯、高麗菜）。

◑ 活動指導：

    1. 要學生在佈告欄上建造自己的菜園（在佈告欄上放一張大的菜園圖）。

    2. 給學生幾張用來描述不同蔬菜概況的紙。

    3. 要求學生剪下不同的蔬菜並將名稱寫或貼上去。

    4. 當蔬菜被放在菜園中時，要求每個學生告訴你，他的菜嚐起來是什麼味道。

◑ 教師說明：

    —你記得兔寶寶的故事嗎？兔寶寶喜歡跑到王老先生的菜園去，牠喜歡吃園中的菜。（因為兔子都喜歡蔬菜，不是嗎？）而什麼菜是兔寶寶的最愛呢？對了！那就是紅蘿蔔。

    —讓我們瞧瞧這二個菜園（出示二張故事板），看一看種有哪些蔬菜（出示卡片）。

    —我們稱學生左邊的為菜園一，而學生右邊的為菜園二。

〔一〕

不分類／數數

1. 假如你種了 3 **棵高麗菜**在菜園一中，而且每棵都長大了。
   請你告訴我，這個菜園裡有些什麼？

2. 假如你種了 4 **棵白蘿蔔**在菜園一中，而且每棵都長大了。
   請你告訴我，這個菜園裡有些什麼？

3. 假如你種了 2 **棵蕃薯**在菜園一中，而且每棵都長大了。
   請你告訴我，這個菜園裡有些什麼？

4. 假如你種了 1 **棵紅蘿蔔**在菜園一中，而且每棵都長大了。
   請你告訴我，這個菜園裡有些什麼？

不分類／一對一的對應

1. 現在我要種**白蘿蔔**在我的菜園二中。
   我要種和**高麗菜**相同數目的**白蘿蔔**，那我需要種多少棵呢？【3】

2. 現在我要種**蕃薯**在我的菜園二中。
   我要種和**白蘿蔔**相同數目的**蕃薯**，那我需要種多少棵呢？【4】

3. 現在我要種**紅蘿蔔**在我的菜園二中。
   我要種和**蕃薯**相同數目的**紅蘿蔔**，那我需要種多少棵呢？【2】

4. 現在我要種**高麗菜**在我的菜園二中。
   我要種和**紅蘿蔔**相同數目的**高麗菜**，那我需要種多少棵呢？【1】

〔二〕

1. 菜園一中種有一些（4 棵）高麗菜。

　　我們最多可以採多少棵**高麗菜**回家吃呢？【4】

2. 菜園一中種有一些（5 棵）白蘿蔔。

　　我們最多可以採多少棵**白蘿蔔**回家吃呢？【5】

3. 菜園一中種有一些（3 棵）蕃薯。

　　我們最多可以採多少棵**蕃薯**回家吃呢？【3】

4. 菜園一中種有一些（2 棵）紅蘿蔔。

　　我們最多可以採多少棵**紅蘿蔔**回家吃呢？【2】

B　不分類／加法

1. 一天晚上，旁邊都沒有人在的時候，有人從菜園一中拔下 1 **棵高麗菜**，把它種在另一個菜園中。

　　⑴ 現在二個菜園中，共有多少棵**高麗菜**？【4】

　　⑵ 你可以不用數就說出二個菜園中共有多少棵高麗菜嗎？

2. 一天晚上，旁邊都沒有人在的時候，有人從菜園一中拔下 1 **棵白蘿蔔**，把它種在另一個菜園中。

　　⑴ 現在二個菜園中，共有多少棵**白蘿蔔**？【5】

　　⑵ 你可以不用數就說出二個菜園中共有多少棵白蘿蔔嗎？

3. 一天晚上，旁邊都沒有人在的時候，有人從菜園一中拔下 1 **棵蕃薯**，把它種在另一個菜園中。

　　⑴ 現在二個菜園中，共有多少棵**蕃薯**？【3】

　　⑵ 你可以不用數就說出二個菜園中共有多少棵蕃薯嗎？

4. 一天晚上，旁邊都沒有人在的時候，有人從菜園一中拔下 1 **棵紅蘿**

蔔，把它種在另一個菜園中。

⑴ 現在二個菜園中，共有多少棵**紅蘿蔔**？【2】

⑵ 你可以不用數就說出二個菜園中共有多少棵紅蘿蔔嗎？

〔三〕

A　不分類／數數

1. 假如我們在每個菜園中都種了菜，那麼我們會有更多的蔬菜可以賣。
   ⑴ 讓我們看看菜園一中的 2 棵**高麗菜**。你可以放上這些圖片嗎？
   ⑵ 還有菜園二中的 2 棵**高麗菜**。你可以放上這些圖片嗎？
2. 假如我們在每個菜園中都種了菜，那麼我們會有更多的蔬菜可以賣。
   ⑴ 讓我們看看菜園一中的 3 棵**白蘿蔔**。你可以放上這些圖片嗎？
   ⑵ 還有菜園二中的 1 棵**白蘿蔔**。你可以放上這些圖片嗎？
3. 假如我們在每個菜園中都種了菜，那麼我們會有更多的蔬菜可以賣。
   ⑴ 讓我們看看菜園一中的 4 棵**蕃薯**。你可以放上這些圖片嗎？
   ⑵ 還有菜園二中的 1 棵**蕃薯**。你可以放上這些圖片嗎？
4. 假如我們在每個菜園中都種了菜，那麼我們會有更多的蔬菜可以賣。
   ⑴ 讓我們看看菜園一中的 1 棵**紅蘿蔔**。你可以放上這些圖片嗎？
   ⑵ 還有菜園二中的 2 棵**紅蘿蔔**。你可以放上這些圖片嗎？

B　不分類／加法

1. 二個菜園中總共有多少棵**高麗菜**？【4】
2. 二個菜園中總共有多少棵**白蘿蔔**？【4】
3. 二個菜園中總共有多少棵**蕃薯**？【5】
4. 二個菜園中總共有多少棵**紅蘿蔔**？【3】

〔四〕

A　不分類／計算

1. 假如我們在菜園中種 5 棵**高麗菜**才可以去市場賣。
2. 假如我們在菜園中種 5 棵**白蘿蔔**才可以去市場賣。
3. 假如我們在菜園中種 5 棵**蕃薯**才可以去市場賣。
4. 假如我們在菜園中種 5 棵**紅蘿蔔**才可以去市場賣。

B　不分類／減法

1. 如果菜園一只種有 1 棵**高麗菜**，
   那我得在菜園二中種多少**高麗菜**，才能夠帶 5 棵去菜市場賣呢？【4】
2. 如果菜園一只種有 2 棵**白蘿蔔**，
   那我得在菜園二中種多少**白蘿蔔**，才能夠帶 5 棵去菜市場賣呢？【3】
3. 如果菜園一只種有 3 棵**蕃薯**，
   那我得在菜園二中種多少**蕃薯**，才能夠帶 5 棵去菜市場賣呢？【2】
4. 如果菜園一只種有 4 棵**紅蘿蔔**，
   那我得在菜園二中種多少**紅蘿蔔**，才能夠帶 5 棵去菜市場賣呢？【1】

〔五〕

A　不分類／不說數量／空集合

1. 我們以為在二個菜園中都種了**高麗菜**的種子。結果，在菜園一長出一
   些（3 棵）**高麗菜**；在菜園二長出了一些（4 棵）**蕃薯**。
   那麼有多少棵**高麗菜**長在菜園二中呢？【0】
2. 我們以為在二個菜園中都種了**白蘿蔔**的種子。結果，在菜園一長出一

些（4棵）白蘿蔔；在菜園二長出了一些（5棵）紅蘿蔔。

那麼有多少棵**白蘿蔔**長在菜園二中呢？【0】

3. 我們以為在二個菜園中都種了**蕃薯**的種子。結果，在菜園一長出一些（2棵）蕃薯；在菜園二長出了一些（3棵）高麗菜。

那麼有多少**蕃薯**長在菜園二中呢？【0】

4. 我們以為在二個菜園中都種了**紅蘿蔔**的種子。結果，在菜園一長出一些（1棵）紅蘿蔔；在菜園二長出了一些（4棵）白蘿蔔。

那麼有多少**紅蘿蔔**長在菜園二中呢？【0】

B　不分類／不說數量／計算

1. 我們總共種了多少棵**高麗菜**？【3】
2. 我們總共種了多少棵**白蘿蔔**？【4】
3. 我們總共種了多少棵**蕃薯**？【2】
4. 我們總共種了多少棵**紅蘿蔔**？【1】

〔六〕

A　不分類／奇數、偶數

1. 現在我們要重新來種菜。

    (1) 請種偶數棵的**高麗菜**在第一個菜園中。【2 或 4 棵高麗菜】

    (2) 請種偶數棵的**白蘿蔔**在第二個菜園中。【2 或 4 棵白蘿蔔】

    (3) 我們全部所種的蔬菜量是奇數還是偶數呢？【偶數】

2. 現在我們要重新來種菜。

    (1) 請種偶數棵的**白蘿蔔**在第一個菜園中。【2 或 4 棵白蘿蔔】

    (2) 請種偶數棵的**蕃薯**在第二個菜園中。【2 或 4 棵蕃薯】

    (3) 我們全部所種的蔬菜量是奇數還是偶數呢？【偶數】

3. 現在我們要重新來種菜。

(1) 請種偶數棵的**蕃薯**在第一個菜園中。【2 或 4 棵蕃薯】

(2) 請種偶數棵的**紅蘿蔔**在第二個菜園中。【2 或 4 棵紅蘿蔔】

(3) 我們全部所種的蔬菜量是奇數還是偶數呢？【偶數】

4. 現在我們要重新來種菜。

(1) 請種偶數棵的**紅蘿蔔**在第一個菜園中。【2 或 4 棵紅蘿蔔】

(2) 請種偶數棵的**高麗菜**在第二個菜園中。【2 或 4 棵高麗菜】

(3) 我們全部所種的蔬菜量是奇數還是偶數呢？【偶數】

B　分類／加法

1. 我們總共種了多少蔬菜呢？【4、6 或 8】

2. 我們總共種了多少蔬菜呢？【4、6 或 8】

3. 我們總共種了多少蔬菜呢？【4、6 或 8】

4. 我們總共種了多少蔬菜呢？【4、6 或 8】

〔七〕

A　分類／加法

1. 現在正是種植的季節，有充沛的雨量及足夠的陽光。有 5 **棵高麗菜**種在菜園一；5 **棵白蘿蔔**種在菜園二。
   告訴我可從菜園中採摘 6 棵蔬菜的二種方法。

2. 現在正是種植的季節，有充沛的雨量及足夠的陽光。有 5 **棵白蘿蔔**種在菜園一；5 **棵紅蘿蔔**種在菜園二。
   告訴我可從菜園中採摘 7 棵蔬菜的二種方法。

3. 現在正是種植的季節，有充沛的雨量及足夠的陽光。有 5 **棵蕃薯**種在菜園一；5 **棵蕃薯**種在菜園二。
   告訴我可從菜園中採摘 5 棵蔬菜的二種方法。

4. 現在正是種植的季節，有充沛的雨量及足夠的陽光。有 5 **棵紅蘿蔔**種

在菜園一；5 **棵高麗菜**種在菜園二。

告訴我可從菜園中採摘 4 棵蔬菜的二種方法。

B **分類／減法**

1. 每次都會有多少棵蔬菜剩下呢？【4】

2. 每次都會有多少棵蔬菜剩下呢？【3】

3. 每次都會有多少棵蔬菜剩下呢？【5】

4. 每次都會有多少棵蔬菜剩下呢？【6】

〔八〕

A **不分類／數數**

1. 現在二個菜園的蔬菜都採摘完了，我們要重新再來種菜。

   (1) 請在菜園一中種 2 **棵高麗菜**和 2 **棵白蘿蔔**。

   (2) 請在菜園二中種 3 **棵蕃薯**和 1 **棵紅蘿蔔**。

2. 現在二個菜園的蔬菜都採摘完了，我們要重新再來種菜。

   (1) 請在菜園一中種 4 **棵白蘿蔔**和 1 **棵蕃薯**。

   (2) 請在菜園二中種 3 **棵紅蘿蔔**和 2 **棵高麗菜**。

3. 現在二個菜園的蔬菜都採摘完了，我們要重新再來種菜。

   (1) 請在菜園一中種 2 **棵蕃薯**和 1 **棵紅蘿蔔**。

   (2) 請在菜園二中種 2 **棵高麗菜**和 1 **棵白蘿蔔**。

4. 現在二個菜園的蔬菜都採摘完了，我們要重新再來種菜。

   (1) 請在菜園一中種 3 **棵紅蘿蔔**和 2 **棵高麗菜**。

   (2) 請在菜園二中種 1 **棵白蘿蔔**和 3 **棵蕃薯**。

B **分類／加法**

1. 二個菜園中總共種了多少棵蔬菜？【8】

2. 二個菜園中總共種了多少棵蔬菜？【10】

3. 二個菜園中總共種了多少棵蔬菜？【6】

4. 二個菜園中總共種了多少棵蔬菜？【9】

C 不分類／無關資料／加法

1. 共有多少棵**高麗菜**和**蕃薯**在菜園中呢？【5】

2. 共有多少棵**白蘿蔔**和**高麗菜**在菜園中呢？【6】

3. 共有多少棵**高麗菜**、**白蘿蔔**和**蕃薯**在菜園中呢？【5】

4. 共有多少棵**紅蘿蔔**、**高麗菜**和**蕃薯**在菜園中呢？【8】

◑ 補充活動：

利用卡片來訓練學生的方位。

如：要學生在「桌子上」、「椅子下」、「粉筆旁」放卡片（可讓
學生分成兩隊來比賽，先排正確者贏）。

第十單元

● 教材：

　1. 二張農場的故事板。

　2. 各種農場動物的卡片組（雞、豬、牛、羊）。

● 活動指導：

　1. 要學生編造一個有關農場之家的連環故事。

　2. 先以一或二個句子來開頭，然後要求每個學生再加添一個句子到
　　故事中。

　3.（選擇較多話的小朋友開頭）並將故事寫在黑板上以便整個連環
　　故事可以被讀出來做為結束。

● 教師說明：

　—今天讓我們到鄉下去參觀二個農場（出示二張故事板），一個是
　　黃先生的農場（學生的左手邊），另一個是白先生的農場（學生
　　的右手邊）。

　—二個農場都養了相同的動物（出示卡片）。

〔一〕

1. 在黃先生的農場中，我看到了一些（2 隻）雞。
   假如在白先生的農場中，也有相同數目的**雞**，那麼白先生的農場會有多少隻雞呢？【2】

2. 在黃先生的農場中，我看到了一些（3 隻）豬。
   假如在白先生的農場中，也有相同數目的**豬**，那麼白先生的農場會有多少隻豬呢？【3】

3. 在黃先生的農場中，我看到了一些（4 頭）牛。
   假如在白先生的農場中，也有相同數目的**牛**，那麼白先生的農場會有多少頭牛呢？【4】

4. 在黃先生的農場中，我看到了一些（5 隻）羊。
   假如在白先生的農場中，也有相同數目的**羊**，那麼白先生的農場會有多少隻羊呢？【5】

〔二〕

A **不分類／加法**

1. 黃先生的農場中有 2 **隻**雞，白先生想要比黃先生多養 1 **隻**雞，
   (1) 那麼白先生的農場會有多少隻**雞**呢？【3】
   (2) 兩座農場中共有多少隻**雞**呢？【5】

2. 黃先生的農場中有 3 **隻**豬，白先生想要比黃先生多養 1 **隻**豬，
   (1) 那麼白先生的農場會有多少隻**豬**呢？【4】
   (2) 兩座農場中共有多少隻**豬**呢？【7】

3. 黃先生的農場中有 4 頭牛，白先生想要比黃先生多養 1 頭牛，

   (1) 那麼白先生的農場會有多少頭牛呢？【5】

   (2) 兩座農場中共有多少頭牛呢？【9】

4. 黃先生的農場中有 1 隻羊，白先生想要比黃先生多養 1 隻羊，

   (1) 那麼白先生的農場會有多少隻羊呢？【2】

   (2) 兩座農場中共有多少隻羊呢？【3】

〔三〕

A　不分類／數數

1. 讓我們重新來養動物。

   (1) 現在黃先生的農場中有 3 隻雞，你可以為我放上這些動物圖片嗎？

   (2) 現在白先生的農場中有 5 隻雞，你可以為我放上這些動物圖片嗎？

2. 讓我們重新來養動物。

   (1) 現在黃先生的農場中有 4 隻豬，你可以為我放上這些動物圖片嗎？

   (2) 現在白先生的農場中有 2 隻豬，你可以為我放上這些動物圖片嗎？

3. 讓我們重新來養動物。

   (1) 現在黃先生的農場中有 5 頭牛，你可以為我放上這些動物圖片嗎？

   (2) 現在白先生的農場中有 4 頭牛，你可以為我放上這些動物圖片嗎？

4. 讓我們重新來養動物。

   (1) 現在黃先生的農場中有 2 隻羊，你可以為我放上這些動物圖片嗎？

   (2) 現在白先生的農場中有 5 隻羊，你可以為我放上這些動物圖片嗎？

B　分類／加法

1. 二個農場中共有多少隻雞呢？【8】

2. 二個農場中共有多少隻豬呢？【6】

3. 二個農場中共有多少頭牛呢？【9】

4. 二個農場中共有多少隻羊呢？【7】

〔四〕

A 分類／加法

1. 這二位先生正在商量，他們決定總共要養 7 隻雞和豬。
   但是沒有決定誰要養多少隻什麼動物，你可以任意組合二種方法嗎？
2. 這二位先生正在商量，他們決定總共要養 6 隻豬和牛。
   但是沒有決定誰要養多少隻什麼動物，你可以任意組合二種方法嗎？
3. 這二位先生正在商量，他們決定總共要養 8 隻牛和羊。
   但是沒有決定誰要養多少隻什麼動物，你可以任意組合二種方法嗎？
4. 這二位先生正在商量，他們決定總共要養 9 隻羊和雞。
   但是沒有決定誰要養多少隻什麼動物，你可以任意組合二種方法嗎？

〔五〕

A 分類／不說數量／加法

1. 黃先生的農場中有一些（2隻）雞；白先生的農場中養了一些（2隻）
   豬和（3頭）牛。
   現在二個農場中共有多少隻動物呢？【7】
2. 黃先生的農場中有一些（3隻）豬；白先生的農場中養了一些（3頭）
   牛和（2隻）羊。
   現在二個農場中共有多少隻動物呢？【8】
3. 黃先生的農場中有一些（4頭）牛；白先生的農場中養了一些（2隻）
   羊和（3隻）雞。
   現在二個農場中共有多少隻動物呢？【9】

4. 黃先生的農場中有一些（5**隻**）羊；白先生的農場中養了一些（1**隻**）雞和（2**隻**）羊。

　　現在二個農場中共有多少隻動物呢？【8】

B　**分類／不說數量／無關資料／加法**

1. 在白先生的農場中共有多少隻動物呢？【5】
2. 在白先生的農場中共有多少隻動物呢？【5】
3. 在白先生的農場中共有多少隻動物呢？【5】
4. 在白先生的農場中共有多少隻動物呢？【3】

〔六〕

不分類／ 數數

1. 黃先生到拍賣場買了 1 **隻**雞，養在自己的農場中。
　　請將這些數目的動物，放在他的農場中。

2. 黃先生到拍賣場買了 2 **隻**豬，養在自己的農場中。
　　請將這些數目的動物，放在他的農場中。

3. 黃先生到拍賣場買了 1 **頭**牛，養在自己的農場中。
　　請將這些數目的動物，放在他的農場中。

4. 黃先生到拍賣場買了 2 **隻**羊，養在自己的農場中。
　　請將這些數目的動物，放在他的農場中。

不分類／一對多對應

1. 白先生也到拍賣場去買了黃先生的**雞**的 2 倍數目的雞。
　　那你可以告訴我，白先生共買了多少隻**雞**放在他的農場中呢？【2】

2. 白先生也到拍賣場去買了黃先生的**豬**的 1 倍數目的豬。
　　那你可以告訴我，白先生共買了多少隻**豬**放在他的農場中呢？【2】

3. 白先生也到拍賣場去買了黃先生的**牛**的 2 倍數目的牛。

   那你可以告訴我，白先生共買了多少頭**牛**放在他的農場中呢？【2】

4. 白先生也到拍賣場去買了黃先生的**羊**的 1 倍數目的羊。

   那你可以告訴我，白先生共買了多少隻**羊**放在他的農場中呢？【2】

〔七〕

A 分類／數數

1. 黃先生在他的農場中各養了 1 隻**雞**、**豬**、**牛**和**羊**，

   那麼在他的農場中到底養了哪些動物呢？

2. 黃先生在他的農場中各養了 1 隻**雞**、**豬**、**牛**和**羊**，

   那麼在他的農場中到底養了哪些動物呢？

3. 黃先生在他的農場中各養了 1 隻**雞**、**豬**、**牛**和**羊**，

   那麼在他的農場中到底養了哪些動物呢？

4. 黃先生在他的農場中各養了 1 隻**雞**、**豬**、**牛**和**羊**，

   那麼在他的農場中到底養了哪些動物呢？

B 不分類／無關資料／加法

1. 白先生養了 2 隻**雞**在他的農場中。

   (1) 有人買走了二個農場中所有的**雞和豬**，那麼他共買了多少隻動物
       呢？【4】

   (2) 假如他只想買**雞**，那麼他將買多少隻**雞**呢？【3】

2. 白先生養了 3 隻**豬**在他的農場中。

   (1) 有人買走了二個農場中所有的**豬和牛**，那麼他共買了多少隻動物
       呢？【5】

   (2) 假如他只想買**豬**，那麼他將買多少隻**豬**呢？【4】

3. 白先生養了 1 頭**牛**在他的農場中。

⑴ 有人買走了二個農場中所有的**牛**和**羊**，那麼他共買了多少隻動物呢？【3】

⑵ 假如他只想買**牛**，那麼他將買多少頭**牛**呢？【2】

4. 白先生養了 **4 隻羊**在他的農場中。

⑴ 有人買走了二個農場中所有的**羊**和**雞**，那麼他共買了多少隻動物呢？【6】

⑵ 假如他只想買**羊**，那麼他將買多少隻**羊**呢？【5】

C 分類／加法

1. 假如他決定買二個農場中所有的動物，那麼他將買多少隻呢？【6】
2. 假如他決定買二個農場中所有的動物，那麼他將買多少隻呢？【7】
3. 假如他決定買二個農場中所有的動物，那麼他將買多少隻呢？【5】
4. 假如他決定買二個農場中所有的動物，那麼他將買多少隻呢？【8】

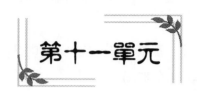

第十一單元

◐ 教材：

1. 二張動物園的故事板。

2. 各種野生動物的卡片組（大象、斑馬、鸚鵡、猴子）各幾張。

◐ 活動指導：

1. 告訴學生要玩一種「模仿」的遊戲。

2. 由老師說一種動物，學生則模仿動物的聲音與動作。

3. 或由學生模仿聲音及動作，而由另一學生猜出動物的名稱。

◐ 教師說明：

——今天我們要去參觀一個動物園（出示無籠子的動物園），動物們都可以隨意走動。

——因為這個動物園（出示第一張動物園故事板）不夠大，無法容納所有的動物，所以又蓋了一個相似的動物園（再出示第二張動物園故事板）（學生的左手邊是動物園一，右手邊是動物園二）。

——現在這二個動物園已有足夠的空間來容納所有的動物了（大象、斑馬、鸚鵡、猴子）。（出示卡片）

——現在我們到動物園去參觀，看看到底會發生什麼事。

〔一〕

A **不分類／計算**

1. 請在動物園一中放入 6 隻大象。
2. 請在動物園一中放入 7 隻斑馬。
3. 請在動物園一中放入 5 隻鸚鵡。
4. 請在動物園一中放入 9 隻猴子。

B **不分類／減一的應用**

1. 在動物園二中，放入比動物園一少 1 隻的大象。【5】
2. 在動物園二中，放入比動物園一少 1 隻的斑馬。【6】
3. 在動物園二中，放入比動物園一少 1 隻的鸚鵡。【4】
4. 在動物園二中，放入比動物園一少 1 隻的猴子。【8】

〔二〕

A **不分類／不說數量／數數**

1. 一大早，動物園的管理員在動物園一中餵一些（5 隻）大象。但是，當他餵飽牠們之後，有些（3 隻）大象卻跑掉了。
   (1) 請從動物園一中拿走跑掉的大象。
   (2) 後來，他又找到了這些大象，並將這些（3 隻）大象放入動物園二中。現在，共有多少隻大象在動物園二中呢？【3】
   (3) 那麼，還有多少隻大象在動物園一中呢？【2】
2. 一大早，動物園的管理員在動物園一中餵一些（5 隻）斑馬。但是，當他餵飽牠們之後，有些（4 隻）斑馬卻跑掉了。

(1) 請從動物園一中拿走跑掉的**斑馬**。

(2) 後來，他又找到了這些斑馬，並將這些（**4隻**）**斑馬**放入動物園二中。現在，共有多少隻**斑馬**在動物園二中呢？【4】

(3) 那麼，還有多少隻**斑馬**在動物園一中呢？【1】

3. 一大早，動物園的管理員在動物園一中餵一些（**5隻**）**鸚鵡**。但是，當他餵飽牠們之後，有些（**5隻**）鸚鵡卻飛走了。

(1) 請從動物園一中拿走飛走的**鸚鵡**。

(2) 後來，他又找到了這些**鸚鵡**，並將這些（**5隻**）**鸚鵡**放入動物園二中。現在，共有多少隻**鸚鵡**在動物園二中呢？【5】

(3) 那麼，還有多少隻**鸚鵡**在動物園一中呢？【0】

4. 一大早，動物園的管理員在動物園一中餵一些（**5隻**）**猴子**。但是，當他餵飽牠們之後，有些（**2隻**）猴子卻跑掉了。

(1) 請從動物園一中拿走跑掉的**猴子**。

(2) 後來，他又找到了這些**猴子**，並將這些（**2隻**）**猴子**放入動物園二中。現在，共有多少隻**猴子**在動物園二中呢？【2】

(3) 那麼，還有多少隻**猴子**在動物園一中呢？【3】

B　不分類／加法

1. 二個動物園中總共有多少隻**大象**呢？【5】
2. 二個動物園中總共有多少隻**斑馬**呢？【5】
3. 二個動物園中總共有多少隻**鸚鵡**呢？【5】
4. 二個動物園中總共有多少隻**猴子**呢？【5】

C　不分類／一對一關係

1. 現在，二個動物園中的**大象**是不是與原先在動物園一中的**大象**數目相同呢？【是的】

2. 現在，二個動物園中的**斑馬**是不是與原先在動物園一中的**斑馬**數目相同呢？【是的】

3. 現在，二個動物園中的**鸚鵡**是不是與原先在動物園一中的**鸚鵡**數目相同呢？【是的】

4. 現在，二個動物園中的**猴子**是不是與原先在動物園一中的猴子數目相同呢？【是的】

〔三〕

A **不分類／不說數量／加法**

1. 現在讓我們來幫管理員數一數，到底他需供應幾份食物給動物們吃呢？首先，在動物園一中有一些（4隻）大象；而在動物園二中還比動物園一多出一些（2隻）大象。

那麼他必須供應幾份食物給動物園二中的動物呢？【6】

2. 現在讓我們來幫管理員數一數，到底他需供應幾份食物給動物們吃呢？首先，在動物園一中有一些（3隻）斑馬；而在動物園二中還比動物園一多出一些（3隻）斑馬。

那麼他必須供應幾份食物給動物園二中的動物呢？【6】

3. 現在讓我們來幫管理員數一數，到底他需供應幾份食物給動物們吃呢？首先，在動物園一中有一些（3隻）鸚鵡；而在動物園二中還比動物園一多出一些（6隻）鸚鵡。

那麼他必須供應幾份食物給動物園二中的動物呢？【9】

4. 現在讓我們來幫管理員數一數，到底他需供應幾份食物給動物們吃呢？首先，在動物園一中有一些（6隻）猴子；而在動物園二中還比動物園一多出一些（1隻）猴子。

那麼他必須供應幾份食物給動物園二中的動物呢？【7】

〔四〕

A 不分類／不說數量／減法

1. 我在動物園一中看見一些（4 隻）**大象**；在動物園二中看見一些（5 隻）**大象**。他們都睡著了，讓我們來叫醒其中幾隻**大象**。首先，我們先叫醒動物園一中的**大象**，並帶牠們出來。
那麼我需從動物園二中再叫醒幾隻**大象**才能湊成 8 隻呢？【4】

2. 我在動物園一中看見一些（5 隻）**斑馬**；在動物園二中看見一些（3 隻）**斑馬**。他們都睡著了，讓我們來叫醒其中幾隻**斑馬**。首先，我們先叫醒動物園一中的**斑馬**，並帶牠們出來。
那麼我需從動物園二中再叫醒幾隻**斑馬**才能湊成 8 隻呢？【3】

3. 我在動物園一中看見一些（6 隻）**鸚鵡**；在動物園二中看見一些（2 隻）**鸚鵡**。他們都睡著了，讓我們來叫醒其中幾隻**鸚鵡**。首先，我們先叫醒動物園一中的**鸚鵡**，並帶牠們出來。
那麼我需從動物園二中再叫醒幾隻**鸚鵡**才能湊成 8 隻呢？【2】

4. 我在動物園一中看見一些（7 隻）**猴子**；在動物園二中看見一些（2 隻）**猴子**。他們都睡著了，讓我們來叫醒其中幾隻**猴子**。首先，我們先叫醒動物園一中的**猴子**，並帶牠們出來。
那麼我需從動物園二中再叫醒幾隻**猴子**才能湊成 8 隻呢？【1】

〔五〕

A 不分類／數數

1. 請你把 6 **隻大象**放在動物園一中；把 5 **隻斑馬**放在動物園二中。

2. 請你把 7 **隻斑馬**放在動物園一中；把 6 **隻鸚鵡**放在動物園二中。

口語應用問題教材：第一階段

3. 請你把 8 **隻鸚鵡**放在動物園一中；把 4 **隻猴子**放在動物園二中。

4. 請你把 9 **隻猴子**放在動物園一中；把 5 **隻大象**放在動物園二中。

B 　**分類／加法**

1. 現在二座動物園中，共有多少隻動物？【11】

2. 現在二座動物園中，共有多少隻動物？【13】

3. 現在二座動物園中，共有多少隻動物？【12】

4. 現在二座動物園中，共有多少隻動物？【14】

〔六〕

A 　**不分類／不說數量**

1. 今天會有許多小孩要來兩個動物園中，所以管理員決定在動物園一中放入一些（2 **隻**）**大象**、（3 **隻**）**斑馬**、（3 **隻**）**鸚鵡**、（1 **隻**）**猴子**；在動物園二中放入一些（5 **隻**）**大象**、（1 **隻**）**斑馬**、（1 **隻**）**鸚鵡**、（2 **隻**）**猴子**。

   ⑴ 現在，二個動物園中共有多少隻**大象**呢？【7】

   ⑵ 在動物園一中共有多少隻**大象**和**斑馬**呢？【5】

   ⑶ 在動物園二中共有多少隻**大象**和**斑馬**呢？【6】

   ⑷ 二個動物園中共有多少隻**大象**和**斑馬**呢？【11】

   ⑸ 現在，管理員想從動物園一中拿出所有的**斑馬**；從動物園二中拿出所有的**猴子**。那麼他共拿出多少隻動物呢？【5】

2. 今天會有許多小孩要來兩個動物園中，所以管理員決定在動物園一中放入一些（3 **隻**）**大象**、（1 **隻**）**斑馬**、（2 **隻**）**鸚鵡**、（3 **隻**）**猴子**；在動物園二中放入一些（3 **隻**）**大象**、（4 **隻**）**斑馬**、（1 **隻**）**鸚鵡**、（1 **隻**）**猴子**。

   ⑴ 現在，二個動物園中共有多少隻**斑馬**呢？【5】

(2) 在動物園一中共有多少隻**斑馬**和**鸚鵡**呢？【3】

(3) 在動物園二中共有多少隻**斑馬**和**鸚鵡**呢？【5】

(4) 二個動物園中共有多少隻**斑馬**和**鸚鵡**呢？【8】

(5) 現在，管理員想從動物園一中拿出所有的**鸚鵡**；從動物園二中拿出所有的**斑馬**。那麼他共拿出多少隻動物呢？【6】

3. 今天會有許多小孩要來兩個動物園中，所以管理員決定在動物園一中放入一些（4 隻）**大象**、（2 隻）斑馬、（1 隻）鸚鵡、（2 隻）猴子；在動物園二中放入一些（1 隻）**大象**、（2 隻）斑馬、（3 隻）**鸚鵡**、（3 隻）猴子。

(1) 現在，二個動物園中共有多少隻**鸚鵡**呢？【4】

(2) 在動物園一中共有多少隻**鸚鵡**和**猴子**呢？【3】

(3) 在動物園二中共有多少隻**鸚鵡**和**猴子**呢？【6】

(4) 二個動物園中共有多少隻**鸚鵡**和**猴子**呢？【9】

(5) 現在，管理員想從動物園一中拿出所有的**猴子**；從動物園二中拿出所有的**大象**。那麼他共拿出多少隻動物呢？【3】

4. 今天會有許多小孩要來兩個動物園中，所以管理員決定在動物園一中放入一些（1 隻）**大象**、（5 隻）斑馬、（2 隻）鸚鵡、（1 隻）猴子；在動物園二中放入一些（2 隻）**大象**、（2 隻）斑馬、（2 隻）**鸚鵡**、（3 隻）猴子。

(1) 現在，二個動物園中共有多少隻**猴子**呢？【4】

(2) 在動物園一中共有多少隻**大象**和**猴子**呢？【2】

(3) 在動物園二中共有多少隻**大象**和**猴子**呢？【5】

(4) 二個動物園中共有多少隻**大象**和**猴子**呢？【7】

(5) 現在，管理員想從動物園一中拿出所有的**大象**；從動物園二中拿出所有的**鸚鵡**。那麼他共拿出多少隻動物呢？【3】

◑ 補充活動：

　　1. 準備多張動物圖片。

　　2. 鼓勵學生發展「歸類的技巧」。

　　　例如，你可以問：「請找出有四隻腳的動物。」

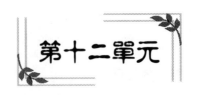

第十二單元

◑ **教材：**

　　1.二張玩具店的故事板。

　　2.各種玩具的卡片組（魔術箱、洋娃娃、棒球手套、足球）。

◑ **活動指導：**

　　1.跟學生解釋，假裝教室裡有一間玩具店。

　　2.要求學生畫出他們最喜歡的玩具，並加以分類，陳列在佈告欄的
　　　標題「教室的玩具店」下面。

　　3.再討論一下還有什麼玩具可以放在店裡展售，並問其理由。

◑ **教師說明：**

　　─蔣先生的玩具店（出示故事板）裡（在學生的左手邊）正出售許
　　　多玩具，因為太忙了，所以蔣太太決定另開一家（出示另一張故
　　　事板）（在學生的右手邊）。

　　─好！讓我們來瞧瞧這二間店裡，到底賣些什麼玩具（出示卡片）。

〔一〕

不分類／不說數量／一對一對應

1. 蔣先生在他的店裡放了一些（6 個）**魔術箱**；蔣太太決定要賣和蔣先生店裡魔術箱相同數目的**洋娃娃**，請你將這些玩具放在蔣太太的店裡。

2. 蔣先生在他的店裡放了一些（8 個）**洋娃娃**；蔣太太決定要賣和蔣先生店裡洋娃娃相同數目的**棒球手套**，請你將這些玩具放在蔣太太的店裡。

3. 蔣先生在他的店裡放了一些（7 個）**棒球手套**；蔣太太決定要賣和蔣先生店裡棒球手套相同數目的**足球**，請你將這些玩具放在蔣太太的店裡。

4. 蔣先生在他的店裡放了一些（5 個）**足球**；蔣太太決定要賣和蔣先生店裡足球相同數目的**魔術箱**，請你將這些玩具放在蔣太太的店裡。

〔二〕

A **不分類／不說數量／數數**

1. 蔣先生的店裡有一些（6 個）**魔術箱**，蔣太太卻沒有任何**魔術箱**可以賣，所以她到蔣先生的店裡借了 3 **個魔術箱**，請你將這些玩具放在蔣太太的店裡。

2. 蔣先生的店裡有一些（7 個）**洋娃娃**，蔣太太卻沒有任何**洋娃娃**可以賣，所以她到蔣先生的店裡借了 5 **個洋娃娃**，請你將這些玩具放在蔣太太的店裡。

3. 蔣先生的店裡有一些（8 個）**棒球手套**，蔣太太卻沒有任何**棒球手套**

可以賣，所以她到蔣先生的店裡借了 **2 個棒球手套**，請你將這些玩具放在蔣太太的店裡。

4. 蔣先生的店裡有一些（9 個）**足球**，蔣太太卻沒有任何**足球**可以賣，所以她到蔣先生的店裡借了 **6 個足球**，請你將這些玩具放在蔣太太的店裡。

B 不分類／加法

1. 現在二間店裡共有多少個**魔術箱**？【6】
2. 現在二間店裡共有多少個**洋娃娃**？【7】
3. 現在二間店裡共有多少個**棒球手套**？【8】
4. 現在二間店裡共有多少個**足球**？【9】

〔三〕

A 不分類／數數

1. 蔣先生的店裡有 **4 個魔術箱**，請幫他放置出來。
2. 蔣先生的店裡有 **5 個洋娃娃**，請幫他放置出來。
3. 蔣先生的店裡有 **3 個棒球手套**，請幫他放置出來。
4. 蔣先生的店裡有 **6 個足球**，請幫他放置出來。

B 不分類／不說數量／減法

1. 有一位顧客在蔣先生的店裡要買 **8 個魔術箱**，蔣先生打電話到蔣太太的玩具店請求支援，而蔣太太剛好有一些（5 個）**魔術箱**。
   蔣先生需要向蔣太太借多少個**魔術箱**呢？【4】
2. 有一位顧客在蔣先生的店裡要買 **8 個洋娃娃**，蔣先生打電話到蔣太太的玩具店請求支援，而蔣太太剛好有一些（4 個）**洋娃娃**。
   蔣先生需要向蔣太太借多少個**洋娃娃**呢？【3】

3. 有一位顧客在蔣先生的店裡要買 8 **個棒球手套**，蔣先生打電話到蔣太太的玩具店請求支援，而蔣太太剛好有一些（6 個）**棒球手套**。
   蔣先生需要向蔣太太借多少個**棒球手套**呢？【5】

4. 有一位顧客在蔣先生的店裡要買 8 **個足球**，蔣先生打電話到蔣太太的玩具店請求支援，而蔣太太剛好有一些（3 個）足球。
   蔣先生需要向蔣太太借多少個**足球**呢？【2】

〔四〕

A   不分類／不說數量／一對一對應

1. 蔣先生訂了一些（5 **個**）魔術箱，而蔣太太也訂了同樣數目的**魔術箱**。可是，她的訂單被弄錯了，結果她收到了相同數目的**洋娃娃**。
   請問蔣太太到底收到了多少個**洋娃娃**呢？【5】

2. 蔣先生訂了一些（6 **個**）洋娃娃，而蔣太太也訂了同樣數目的**洋娃娃**。可是，她的訂單被弄錯了，結果她收到了相同數目的**棒球手套**。
   請問蔣太太到底收到了多少個**棒球手套**呢？【6】

3. 蔣先生訂了一些（7 **個**）棒球手套，而蔣太太也訂了同樣數目的**棒球手套**。可是，她的訂單被弄錯了，結果她收到了相同數目的**足球**。
   請問蔣太太到底收到了多少個**足球**呢？【7】

4. 蔣先生訂了一些（8 **個**）足球，而蔣太太也訂了同樣數目的**足球**。可是，她的訂單被弄錯了，結果她收到了相同數目的**魔術箱**。
   請問蔣太太到底收到了多少個**魔術箱**呢？【8】

B   分類／加法

1. 現在，在二家玩具店中，共有多少個玩具？【10】
2. 現在，在二家玩具店中，共有多少個玩具？【12】
3. 現在，在二家玩具店中，共有多少個玩具？【14】

4. 現在，在二家玩具店中，共有多少個玩具？【16】

〔五〕

1. 蔣先生決定拍賣他店裡的 5 個魔術箱和 4 個洋娃娃，蔣太太也決定拍賣一些（9 個）棒球手套。
   (1) 他們二人共有多少個魔術箱和棒球手套要拍賣呢？【14】
   (2) 他們共有多少個洋娃娃和棒球手套呢？【13】

2. 蔣先生決定拍賣他店裡的 6 個洋娃娃和 3 個棒球手套，蔣太太也決定拍賣一些（9 個）足球。
   (1) 他們二人共有多少個洋娃娃和足球要拍賣呢？【15】
   (2) 他們共有多少個棒球手套和足球呢？【12】

3. 蔣先生決定拍賣他店裡的 2 個棒球手套和 7 個足球，蔣太太也決定拍賣一些（9 個）魔術箱。
   (1) 他們二人共有多少個魔術箱和棒球手套要拍賣呢？【11】
   (2) 他們共有多少個足球和魔術箱呢？【16】

4. 蔣先生決定拍賣他店裡的 4 個足球和 5 個魔術箱，蔣太太也決定拍賣一些（9 個）洋娃娃。
   (1) 他們二人共有多少個足球和洋娃娃要拍賣呢？【13】
   (2) 他們共有多少個魔術箱和洋娃娃呢？【14】

〔六〕

1. 蔣先生和蔣太太認為在過年後的那一週，會有很多小朋友來買玩具，

所以蔣先生的店裡擺了一些（3個）魔術箱、（3個）棒球手套、（2個）足球和（1個）洋娃娃。

而蔣太太的店也有相同數目的玩具，你可以幫忙她擺嗎？

2. 蔣先生和蔣太太認為在過年後的那一週，會有很多小朋友來買玩具，所以蔣先生的店裡擺了一些（4個）魔術箱、（2個）棒球手套、（1個）足球和（1個）洋娃娃。

而蔣太太的店也有相同數目的玩具，你可以幫忙她擺嗎？

3. 蔣先生和蔣太太認為在過年後的那一週，會有很多小朋友來買玩具，所以蔣先生的店裡擺了一些（1個）魔術箱、（1個）棒球手套、（2個）足球和（5個）洋娃娃。

而蔣太太的店也有相同數目的玩具，你可以幫忙她擺嗎？

4. 蔣先生和蔣太太認為在過年後的那一週，會有很多小朋友來買玩具，所以蔣先生的店裡擺了一些（2個）魔術箱、（1個）棒球手套、（4個）足球和（2個）洋娃娃。

而蔣太太的店也有相同數目的玩具，你可以幫忙她擺嗎？

B 　非分類／加法

1. 兩家共有多少個魔術箱和棒球手套呢？【12】
2. 兩家共有多少個棒球手套和足球呢？【6】
3. 兩家共有多少個足球和洋娃娃呢？【14】
4. 兩家共有多少個洋娃娃和魔術箱呢？【8】

C 　分類／不說數量／無關資料／加法

1. 假如我將蔣先生店中所有的魔術箱及蔣太太店裡所有的足球全部買走，那我總共買了多少個玩具？【5】
2. 假如我將蔣先生店中所有的棒球手套及蔣太太店裡所有的洋娃娃全部買走，那我總共買了多少個玩具？【3】
3. 假如我將蔣先生店中所有的足球及蔣太太店裡所有的棒球手套全部買

走，那我總共買了多少個玩具？【3】

4. 假如我將蔣先生店中所有的**洋娃娃**及蔣太太店裡所有的**魔術箱**全部買
　　走，那我總共買了多少個玩具？【4】

◑ **補充活動：**

　　1. 要學生從雜誌中或廣告單中，找出所有玩具和運動器材的圖片。

　　2. 要每一個學生選出自己最喜歡的玩具。

　　3. 要每個學生討論一下用自己最喜愛的玩具可以玩的活動。

　　4. 假如可能的話，把玩具帶來，並作這些活動。

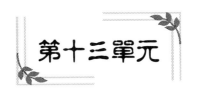

第十三單元

◑ 教材：

1. 三張水果樹的故事板。

2. 各種水果的卡片組（蘋果、香蕉、蜜李、水梨）。

◑ 活動指導：

1. 從不同的樹上摘下各種樹葉，帶到教室給學生看。

2. 討論各樹葉間的不同點。

3. 跟學生解釋，不同的樹長出不同的樹葉。

4. 可能的話，帶學生到郊外實際去看一看，若有果園的話，順便告訴學生，樹可以長出水果和葉子。

◑ 教師說明：

—今天，我將要來談有三棵水果樹的果園（出示故事板），我們要給每一棵樹取一個名字，以便能夠辨識。

—在學生左手邊的叫「榕樹先生」，中間的叫「松樹先生」，右手邊的叫「楓樹先生」。

—在真實生活中，「榕樹、松樹及楓樹」都不會長水果，但在這兒我們假裝它們會長出水果來。

〔一〕

A　不分類／数数

1. (1) 假如榕樹上長了 1 **個蜜李**，那會像什麼樣子，請你放給我看！
   (2) 假如松樹上長了 1 **個蜜李**，那會像什麼樣子，請你放給我看！
   (3) 假如楓樹上長了 1 **個蜜李**，那會像什麼樣子，請你放給我看！
2. (1) 假如榕樹上長了 2 **個蘋果**，那會像什麼樣子，請你放給我看！
   (2) 假如松樹上長了 2 **個蘋果**，那會像什麼樣子，請你放給我看！
   (3) 假如楓樹上長了 1 **個蘋果**，那會像什麼樣子，請你放給我看！
3. (1) 假如榕樹上長了 3 **個水梨**，那會像什麼樣子，請你放給我看！
   (2) 假如松樹上長了 0 **個水梨**，那會像什麼樣子，請你放給我看！
   (3) 假如楓樹上長了 1 **個水梨**，那會像什麼樣子，請你放給我看！
4. (1) 假如榕樹上長了 2 **根香蕉**，那會像什麼樣子，請你放給我看！
   (2) 假如松樹上長了 1 **根香蕉**，那會像什麼樣子，請你放給我看！
   (3) 假如楓樹上長了 0 **根香蕉**，那會像什麼樣子，請你放給我看！

B　不分類/加法

1. 三棵樹共長了多少個**蜜李**呢？【3】
2. 三棵樹共長了多少個**蘋果**呢？【5】
3. 三棵樹共長了多少個**水梨**呢？【4】
4. 三棵樹共長了多少根**香蕉**呢？【3】

〔二〕

A　不分類／不說數量／加法

1. 榕樹上長了一些（3 個）蘋果，松樹上長了一些（4 個）蘋果，楓樹
   上長了一些（5 個）蘋果。
   三棵樹共長了多少個**蘋果**呢？【12】

2. 榕樹上長了一些（3 個）水梨，松樹上長了一些（3 個）水梨，楓樹
   上長了一些（4 個）水梨。
   三棵樹共長了多少個**水梨**呢？【10】

3. 榕樹上長了一些（2 根）香蕉，松樹上長了一些（4 根）香蕉，楓樹
   上長了一些（4 根）香蕉。
   三棵樹共長了多少根**香蕉**呢？【10】

4. 榕樹上長了一些（4 個）蜜李，松樹上長了一些（2 個）蜜李，楓樹
   上長了一些（3 個）蜜李。
   三棵樹共長了多少個**蜜李**呢？【9】

B　分類／無關資料／加法

1. 現在讓我們來算算看。
   (1) 松樹和楓樹共長了多少個**蘋果**呢？【9】
   (2) 榕樹和松樹共長了多少個**蘋果**呢？【7】
   (3) 楓樹和榕樹共長了多少個**蘋果**呢？【8】

2. 現在讓我們來算算看。
   (1) 松樹和楓樹共長了多少個**水梨**呢？【7】
   (2) 榕樹和松樹共長了多少個**水梨**呢？【6】
   (3) 楓樹和榕樹共長了多少個**水梨**呢？【7】

3. 現在讓我們來算算看。

    ⑴ 松樹和楓樹共長了多少根**香蕉**呢？【8】

    ⑵ 榕樹和松樹共長了多少根**香蕉**呢？【6】

    ⑶ 楓樹和榕樹共長了多少根**香蕉**呢？【6】

4. 現在讓我們來算算看。

    ⑴ 松樹和楓樹共長了多少個**蜜李**呢？【5】

    ⑵ 榕樹和松樹共長了多少個**蜜李**呢？【6】

    ⑶ 楓樹和榕樹共長了多少個**蜜李**呢？【7】

〔三〕

A　不分類／數數

1. 讓我們重新來長水果。

    ⑴ 請在榕樹上長 1 個蘋果和 2 根**香蕉**。

    ⑵ 請在松樹上長 2 **根香蕉**和 1 個水梨。

    ⑶ 並在楓樹上長 3 個水梨和 2 個蜜李。

2. 讓我們重新來長水果。

    ⑴ 請在榕樹上長 2 **根香蕉**和 3 個水梨。

    ⑵ 請在松樹上長 1 個水梨和 4 個蜜李。

    ⑶ 並在楓樹上長 1 個蜜李和 3 個蘋果。

3. 讓我們重新來長水果。

    ⑴ 請在榕樹上長 3 個水梨和 2 個蜜李。

    ⑵ 請在松樹上長 2 個蜜李和 3 個蘋果。

    ⑶ 並在楓樹上長 1 個蘋果和 2 個水梨。

4. 讓我們重新來長水果。

    ⑴ 請在榕樹上長 4 個蜜李和 1 個蘋果。

    ⑵ 請在松樹上長 2 個蘋果和 3 個水梨。

(3) 並在楓樹上長 2 個水梨和 1 個蜜李。

B 不分類／無關資料／加法

1. 現在我們來算算看。
   (1) 三棵樹上共長了多少根**香蕉**呢？【4】
   (2) 三棵樹上共長了多少個**蘋果**和**水梨**？【5】

2. 現在我們來算算看。
   (1) 三棵樹上共長了多少個**蜜李**呢？【5】
   (2) 三棵樹上共長了多少個**香蕉**和**蜜李**？【7】

3. 現在我們來算算看。
   (1) 三棵樹上共長了多少個**水梨**呢？【5】
   (2) 三棵樹上共長了多少個**蜜李**和**蘋果**？【8】

4. 現在我們來算算看。
   (1) 三棵樹上共長了多少個**蘋果**呢？【3】
   (2) 三棵樹上共長了多少個**蜜李**和**水梨**？【10】

〔四〕

A 分類／不說數量／無關資料／減法

1. 榕樹說，我的枝幹上長了一些（4 個）**蘋果**；松樹說，我的枝幹上長了一些（2 個）**蜜李**；楓樹說，我的枝幹上長了一些（3 個）**水梨**。
   (1) 松樹比榕樹少長了幾個水果呢？【2】
   (2) 楓樹比榕樹少長了幾個水果呢？【1】
   (3) 松樹比楓樹少長了幾個水果呢？【1】

2. 榕樹說，我的枝幹上長了一些（3 個）**水梨**；松樹說，我的枝幹上長了一些（5 根）**香蕉**；楓樹說，我的枝幹上長了一些（4 個）**蜜李**。
   (1) 松樹比榕樹多長了幾個水果呢？【2】

(2) 楓樹比榕樹多長了幾個水果呢？【1】

(3) 松樹比楓樹多長了幾個水果呢？【1】

3. 榕樹說，我的枝幹上長了一些（2個）蜜李；松樹說，我的枝幹上長了一些（5個）蘋果；楓樹說，我的枝幹上長了一些（4根）香蕉。

(1) 松樹比榕樹多長了幾個水果呢？【3】

(2) 楓樹比榕樹多長了幾個水果呢？【2】

(3) 松樹比楓樹多長了幾個水果呢？【1】

4. 榕樹說，我的枝幹上長了一些（5根）香蕉；松樹說，我的枝幹上長了一些（3個）水梨；楓樹說，我的枝幹上長了一些（4個）蘋果。

(1) 松樹比榕樹少長了幾個水果呢？【2】

(2) 楓樹比榕樹少長了幾個水果呢？【1】

(3) 松樹比楓樹少長了幾個水果呢？【1】

〔五〕

A 不分類／數數

1. 讓我們重新來長水果。

(1) 假如榕樹上長了 4 個蘋果和 1 個水梨，那會像什麼樣子呢？請你擺給我看。

(2) 假如松樹上長了 3 個水梨和 2 個蜜李，那會像什麼樣子呢？請你擺給我看。

(3) 假如楓樹上長了 3 個蜜李和 1 根香蕉，那會像什麼樣子呢？請你擺給我看。

2. 讓我們重新來長水果。

(1) 假如榕樹上長了 1 個水梨和 2 個蜜李，那會像什麼樣子呢？請你擺給我看。

(2) 假如松樹上長了 1 個蜜李和 4 根香蕉，那會像什麼樣子呢？請你

擺給我看。

(3) 假如楓樹上長了 1 根香蕉和 4 個蘋果，那會像什麼樣子呢？請你擺給我看。

3. 讓我們重新來長水果。

(1) 假如榕樹上長了 3 個蜜李和 2 根香蕉，那會像什麼樣子呢？請你擺給我看。

(2) 假如松樹上長了 2 根香蕉和 1 個蘋果，那會像什麼樣子呢？請你擺給我看。

(3) 假如楓樹上長了 3 個蘋果和 2 個水梨，那會像什麼樣子呢？請你擺給我看。

4. 讓我們重新來長水果。

(1) 假如榕樹上長了 2 根香蕉和 2 個蘋果，那會像什麼樣子呢？請你擺給我看。

(2) 假如松樹上長了 2 個蘋果和 3 個水梨，那會像什麼樣子呢？請你擺給我看。

(3) 假如楓樹上長了 2 個水梨和 3 個蜜李，那會像什麼樣子呢？請你擺給我看。

B 　**不分類／無關資料／減法**

1. 現在讓我們來算算看。

(1) 在榕樹上的**蘋果**比**水梨**多了多少個呢？【3】

(2) 在松樹上的**蜜李**比**水梨**少了多少個呢？【1】

(3) 在楓樹上的**蜜李**比**香蕉**多了多少個呢？【2】

(4) 榕樹比松樹少了多少個**水梨**呢？【2】

2. 現在讓我們來算算看。

(1) 在榕樹上的**蜜李**比**水梨**多了多少個呢？【1】

(2) 在松樹上的**蜜李**比**香蕉**少了多少個呢？【3】

(3) 在楓樹上的**蘋果**比**香蕉**多了多少個呢？【3】

109

(4) 榕樹比松樹多了多少個**蜜李**呢？【1】

3. 現在讓我們來算算看。

(1) 在榕樹上的**蜜李**比**香蕉**多了多少個呢？【1】

(2) 在松樹上的**蘋果**比**香蕉**少了多少個呢？【1】

(3) 在楓樹上的**蘋果**比**水梨**多了多少個呢？【1】

(4) 松樹比楓樹少了多少個**蘋果**呢？【2】

4. 現在讓我們來算算看。

(1) 在榕樹上的**香蕉**比**蘋果**多了多少個呢？【0】

(2) 在松樹上的**蘋果**比**水梨**少了多少個呢？【1】

(3) 在楓樹上的**蜜李**比**水梨**多了多少個呢？【1】

(4) 松樹比楓樹多了多少個**水梨**呢？【1】

◑ **補充活動：**

 1. 讓學生們說出不同的吃水果的方法，及最喜歡的水果。

 2. 可能的話，請學生帶水果來教室做沙拉。

第十四單元

◑ **教材：**

　1. 三張街景的故事板。

　2. 各種車輛的卡片組（小汽車、旅行車、大巴士、卡車）。

◑ **活動指導：**

　1. 讓學生討論他們所住的城市或市區看起來的樣子。

　2. 討論從商店、人物，再引導到街道。

◑ **教師說明：**

　─在我們住的城市裡有三條大街（出示故事板）。

　　學生的左手邊為「巧克力街」，中間為「香草街」，右手邊為「草莓街」（同時出示卡片）。

〔一〕

A　不分類／數數

1. 現在我們到街上來看看。

　⑴ 在巧克力街上，有 2 **輛**小汽車，請將這些車擺在這條街上。

　⑵ 在香草街上，有 1 **輛**小汽車，請將這些車擺在這條街上。

(3) 在草莓街上，有 2 輛小汽車，請將這些車擺在這條街上。

(4) 在三條街上共有多少輛小汽車？【5】

2. 現在我們到街上來看看。

(1) 在巧克力街上，有 2 輛大巴士，請將這些車擺在這條街上。

(2) 在香草街上，有 2 輛大巴士，請將這些車擺在這條街上。

(3) 在草莓街上，有 1 輛大巴士，請將這些車擺在這條街上。

(4) 在三條街上共有多少輛大巴士？【5】

3. 現在我們到街上來看看。

(1) 在巧克力街上，有 0 輛旅行車，請將這些車擺在這條街上。

(2) 在香草街上，有 3 輛旅行車，請將這些車擺在這條街上。

(3) 在草莓街上，有 1 輛旅行車，請將這些車擺在這條街上。

(4) 在三條街上共有多少輛旅行車？【4】

4. 現在我們到街上來看看。

(1) 在巧克力街上，有 1 輛卡車，請將這些車擺在這條街上。

(2) 在香草街上，有 0 輛卡車，請將這些車擺在這條街上。

(3) 在草莓街上，有 3 輛卡車，請將這些車擺在這條街上。

(4) 在三條街上共有多少輛卡車？【4】

〔二〕

A **分類／不說數量／加法**

1. 很奇怪，今天城市的街道上，都只有一種車輛在街上。在巧克力街上，只有一些（5 輛）小汽車；在香草街上，只有一些（1 輛）大巴士；在草莓街上，只有一些（3 輛）旅行車。

那麼三條街上共有多少車輛呢？【9】

2. 很奇怪，今天城市的街道上，都只有一種車輛在街上。在巧克力街上，只有一些（4 輛）大巴士；在香草街上，只有一些（3 輛）旅行

車；在草莓街上，只有一些（5 **輛**）卡車。

那麼三條街上共有多少車輛呢？【12】

3. 很奇怪，今天城市的街道上，都只有一種車輛在街上。在巧克力街
上，只有一些（3 **輛**）**旅行車**；在香草街上，只有一些（2 **輛**）**卡車**；
在草莓街上，只有一些（4 **輛**）**小汽車**。

那麼三條街上共有多少車輛呢？【9】

4. 很奇怪，今天城市的街道上，都只有一種車輛在街上。在巧克力街
上，只有一些（2 **輛**）**卡車**；在香草街上，只有一些（3 **輛**）**小汽車**；
在草莓街上，只有一些（1 **輛**）**大巴士**。

那麼三條街上共有多少車輛呢？【6】

B | **分類／無關資料／加法**

1. 現在讓我們來算算看。

   (1) 在巧克力街及香草街上，共有多少車輛？【6】

   (2) 在香草街及草莓街上，共有多少車輛？【4】

   (3) 在巧克力街及草莓街上，共有多少車輛？【8】

2. 現在讓我們來算算看。

   (1) 在巧克力街及香草街上，共有多少車輛？【7】

   (2) 在香草街及草莓街上，共有多少車輛？【8】

   (3) 在巧克力街及草莓街上，共有多少車輛？【9】

3. 現在讓我們來算算看。

   (1) 在巧克力街及香草街上，共有多少車輛？【5】

   (2) 在香草街及草莓街上，共有多少車輛？【6】

   (3) 在巧克力街及草莓街上，共有多少車輛？【7】

4. 現在讓我們來算算看。

   (1) 在巧克力街及香草街上，共有多少車輛？【5】

   (2) 在香草街及草莓街上，共有多少車輛？【4】

   (3) 在巧克力街及草莓街上，共有多少車輛？【3】

〔三〕

A **A** 　不分類／數數

1. 現在正是吃飯時間,天空中有一架直昇機正在播報路況。他看到 4 輛小汽車和 1 輛旅行車在香草街上;3 輛旅行車和 2 輛卡車在巧克力街上;1 輛卡車和 4 輛大巴士在草莓街上。

2. 現在正是吃飯時間,天空中有一架直昇機正在播報路況。他看到 2 輛旅行車和 2 輛卡車在香草街上;3 輛卡車和 1 輛大巴士在巧克力街上;2 輛大巴士和 3 輛小汽車在草莓街上。

3. 現在正是吃飯時間,天空中有一架直昇機正在播報路況。他看到 1 輛卡車和 3 輛大巴士在香草街上;1 輛大巴士和 3 輛小汽車在巧克力街上;1 輛小汽車和 2 輛旅行車在草莓街上。

4. 現在正是吃飯時間,天空中有一架直昇機正在播報路況。他看到 2 輛大巴士和 1 輛小汽車在香草街上;2 輛小汽車和 2 輛旅行車在巧克力街上;3 輛旅行車和 1 輛卡車在草莓街上。

B 　不分類／無關資料／加法

1. 現在讓我們來算算看。

　　⑴ 從直昇機上,可以看到三條街上一共有多少輛卡車?【3】

　　⑵ 從直昇機上,可以看到三條街上一共有多少輛旅行車和大巴士?

　　【8】

2. 現在讓我們來算算看。

　　⑴ 從直昇機上,可以看到三條街上一共有多少輛大巴士?【3】

　　⑵ 從直昇機上,可以看到三條街上一共有多少輛卡車和小汽車?

　　【8】

3. 現在讓我們來算算看。

⑴ 從直昇機上，可以看到三條街上一共有多少輛**小汽車**？【4】

⑵ 從直昇機上，可以看到三條街上一共有多少輛**大巴士**和**小汽車**？
【8】

4. 現在讓我們來算算看。

⑴ 從直昇機上，可以看到三條街上一共有多少輛**旅行車**？【5】

⑵ 從直昇機上，可以看到三條街上一共有多少輛**小汽車**和**旅行車**？
【8】

〔四〕

A 分類／數數

1. 現在是晚間時段，車輛正在黑夜中行駛。在巧克力街上，有 3 輛**小汽車**；在香草街上，有 1 **輛旅行車**；在草莓街上，有 5 **輛大巴士**。

⑴ 在巧克力街上的車輛比香草街上的車輛多了幾輛呢？【2】

⑵ 在香草街上的車輛比草莓街上的車輛少了幾輛呢？【4】

⑶ 在巧克力街上的車輛比草莓街上的車輛少了幾輛呢？【2】

2. 現在是晚間時段，車輛正在黑夜中行駛。在巧克力街上，有 4 輛**旅行車**；在香草街上，有 2 **輛大巴士**；在草莓街上，有 1 **輛卡車**。

⑴ 在巧克力街上的車輛比香草街上的車輛多了幾輛呢？【2】

⑵ 在香草街上的車輛比草莓街上的車輛多了幾輛呢？【1】

⑶ 在巧克力街上的車輛比草莓街上的車輛多了幾輛呢？【3】

3. 現在是晚間時段，車輛正在黑夜中行駛。在巧克力街上，有 2 **輛大巴士**；在香草街上，有 5 **輛卡車**；在草莓街上，有 4 **輛小汽車**。

⑴ 在巧克力街上的車輛比香草街上的車輛少了幾輛呢？【3】

⑵ 在香草街上的車輛比草莓街上的車輛多了幾輛呢？【1】

⑶ 在巧克力街上的車輛比草莓街上的車輛少了幾輛呢？【2】

4. 現在是晚間時段，車輛正在黑夜中行駛。在巧克力街上，有 5 **輛卡**

車；在香草街上，有 1 輛小汽車；在草莓街上，有 3 輛旅行車。

(1) 在巧克力街上的車輛比香草街上的車輛多了幾輛呢？【4】

(2) 在香草街上的車輛比草莓街上的車輛少了幾輛呢？【2】

(3) 在巧克力街上的車輛比草莓街上的車輛多了幾輛呢？【2】

〔五〕

A 不分類／數數

1. 今天有大拍賣，所以街道上大塞車。

(1) 假如巧克力街上有 2 輛小汽車和 2 輛旅行車，請把它擺出來。

(2) 假如香草街上有 1 輛旅行車和 4 輛大巴士，請把它擺出來。

(3) 假如草莓街上有 1 輛大巴士、3 輛卡車和 1 輛旅行車，請把它擺出來。

2. 今天有大拍賣，所以街道上大塞車。

(1) 假如巧克力街上有 1 輛旅行車和 2 輛大巴士，請把它擺出來。

(2) 假如香草街上有 1 輛大巴士和 3 輛卡車，請把它擺出來。

(3) 假如草莓街上有 2 輛卡車、1 輛小汽車和 2 輛大巴士，請把它擺出來。

3. 今天有大拍賣，所以街道上大塞車。

(1) 假如巧克力街上有 3 輛大巴士和 1 輛卡車，請把它擺出來。

(2) 假如香草街上有 2 輛卡車和 2 輛小汽車，請把它擺出來。

(3) 假如草莓街上有 2 輛小汽車、2 輛旅行車和 1 輛卡車，請把它擺出來。

4. 今天有大拍賣，所以街道上大塞車。

(1) 假如巧克力街上有 2 輛卡車和 1 輛小汽車，請把它擺出來。

(2) 假如香草街上有 3 輛小汽車和 1 輛旅行車，請把它擺出來。

(3) 假如草莓街上有 3 輛旅行車、1 輛大巴士和 1 輛小汽車，請把它擺

出來。

1. 現在讓我們來算算看。
   (1) 在巧克力街上，**小汽車**比**旅行車**多了多少輛呢？【0】
   (2) 在香草街上，**旅行車**比**大巴士**少了多少輛呢？【3】
2. 現在讓我們來算算看。
   (1) 在巧克力街上，**大巴士**比**旅行車**多了多少輛呢？【1】
   (2) 在香草街上，**大巴士**比**卡車**少了多少輛呢？【2】
3. 現在讓我們來算算看。
   (1) 在巧克力街上，**大巴士**比**卡車**多了多少輛呢？【2】
   (2) 在香草街上，**卡車**比**小汽車**少了多少輛呢？【0】
4. 現在讓我們來算算看。
   (1) 在巧克力街上，**卡車**比**小汽車**多了多少輛呢？【1】
   (2) 在香草街上，**旅行車**比**小汽車**少了多少輛呢？【2】

1. 讓我們再來算算看。
   (1) 在草莓街上，**卡車**比起其他的車輛多了多少呢？【1】
   (2) 在草莓街上，**旅行車**比起其他二條街少了多少呢？【2】
2. 讓我們再來算算看。
   (1) 在草莓街上，**小汽車**比起其他的車輛少了多少呢？【3】
   (2) 在草莓街上，**大巴士**比起其他二條街少了多少呢？【1】
3. 讓我們再來算算看。
   (1) 在草莓街上，**小汽車**比起其他的車輛少了多少呢？【1】
   (2) 在草莓街上，**卡車**比起其他二條街少了多少呢？【2】
4. 讓我們再來算算看。
   (1) 在草莓街上，**旅行車**比起其他的車輛多了多少呢？【1】

(2) 在草莓街上，**小汽車**比起其他二條街少了多少呢？【3】

◐ 補充活動：

請學生以剪貼或繪畫方式完成一張市區的地圖，上面要有街道、建築物、車輛及人。

第十五單元

◑ **教材：**

  1. 三張菜園的故事板。

  2. 各種蔬菜的卡片組（白蘿蔔、紅蘿蔔、蕃薯、高麗菜）。

◑ **活動指導：**

  1. 做個調查，了解學生們住在何種住宅中，並做一簡單圖表以顯示
  調查結果，同時討論每一種形式的優缺點。

  如：

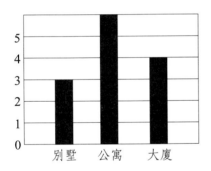

◑ **教師說明：**

  ─住在公寓裡的人，通常沒有足夠的空間可以有菜園（就算有空間，
  可能也不允許有菜園）。如果他們想要有個菜園，他們該怎麼做
  呢？租一個嗎？也許可行。現在就假設有三個菜園（出示故事
  板），他們分別是王先生、林先生及李先生所租用的菜園。

〔一〕

1. 現在讓我們來看看這些菜園。
   (1) 王先生的菜園中種了 1 棵紅蘿蔔，請擺給我看。
   (2) 林先生的菜園中種了 2 棵紅蘿蔔，請擺給我看。
   (3) 李先生的菜園中種了 1 棵紅蘿蔔，請擺給我看。

2. 現在讓我們來看看這些菜園。
   (1) 王先生的菜園中種了 4 棵白蘿蔔，請擺給我看。
   (2) 林先生的菜園中種了 1 棵白蘿蔔，請擺給我看。
   (3) 李先生的菜園中種了 2 棵白蘿蔔，請擺給我看。

3. 現在讓我們來看看這些菜園。
   (1) 王先生的菜園中種了 2 棵高麗菜，請擺給我看。
   (2) 林先生的菜園中種了 1 棵高麗菜，請擺給我看。
   (3) 李先生的菜園中種了 0 棵高麗菜，請擺給我看。

4. 現在讓我們來看看這些菜園。
   (1) 王先生的菜園中種了 0 棵蕃薯，請擺給我看。
   (2) 林先生的菜園中種了 1 棵蕃薯，請擺給我看。
   (3) 李先生的菜園中種了 2 棵蕃薯，請擺給我看。

B 不分類／加法

1. 三家菜園總共種了多少棵紅蘿蔔呢？【4】
2. 三家菜園總共種了多少棵白蘿蔔呢？【7】
3. 三家菜園總共種了多少棵高麗菜呢？【3】

4. 三家菜園總共種了多少棵蕃薯呢？【3】

〔二〕

A 分類／不説數量／加法

1. 林家種了一些（2棵）紅蘿蔔；王家種了一些（3棵）白蘿蔔；李家
   種了一些（4棵）高麗菜。
   三家的蔬菜加在一起，共種了多少棵蔬菜呢？【9】
2. 林家種了一些（3棵）白蘿蔔；王家種了一些（3棵）高麗菜；李家
   種了一些（2棵）蕃薯。
   三家的蔬菜加在--起，共種了多少棵蔬菜呢？【8】
3. 林家種了一些（4棵）高麗菜；王家種了一些（1棵）蕃薯；李家種
   了一些（5棵）紅蘿蔔。
   三家的蔬菜加在一起，共種了多少棵蔬菜呢？【10】
4. 林家種了一些（2棵）蕃薯；王家種了一些（2棵）紅蘿蔔；李家種
   了一些（3棵）白蘿蔔。
   三家的蔬菜加在一起，共種了多少棵蔬菜呢？【7】

B 分類／無關資料／加法

1. 現在讓我們來算算看。
   ⑴ 林家及王家共種了多少棵蔬菜？【5】
   ⑵ 林家及李家共種了多少棵蔬菜？【6】
   ⑶ 王家及李家共種了多少棵蔬菜？【7】
2. 現在讓我們來算算看。
   ⑴ 林家及王家共種了多少棵蔬菜？【6】
   ⑵ 林家及李家共種了多少棵蔬菜？【5】
   ⑶ 王家及李家共種了多少棵蔬菜？【5】

3. 現在讓我們來算算看。

　　(1) 林家及王家共種了多少棵蔬菜？【5】

　　(2) 林家及李家共種了多少棵蔬菜？【9】

　　(3) 王家及李家共種了多少棵蔬菜？【6】

4. 現在讓我們來算算看。

　　(1) 林家及王家共種了多少棵蔬菜？【4】

　　(2) 林家及李家共種了多少棵蔬菜？【5】

　　(3) 王家及李家共種了多少棵蔬菜？【5】

〔三〕

A　不分類／數數

1. 讓我們重新再來種菜。

　　(1) 在王家種了 2 棵紅蘿蔔和 3 棵高麗菜，請擺給我看

　　(2) 在林家種了 2 棵高麗菜和 2 棵蕃薯，請擺給我看。

　　(3) 在李家種了 1 棵蕃薯和 2 棵白蘿蔔，請擺給我看。

2. 讓我們重新再來種菜。

　　(1) 在王家種了 1 棵蕃薯和 2 棵白蘿蔔，請擺給我看。

　　(2) 在林家種了 1 棵白蘿蔔和 3 棵高麗菜，請擺給我看

　　(3) 在李家種了 2 棵高麗菜和 3 棵紅蘿蔔，請擺給我看

3. 讓我們重新再來種菜。

　　(1) 在王家種了 2 棵高麗菜和 1 棵蕃薯，請擺給我看。

　　(2) 在林家種了 1 棵蕃薯和 2 棵白蘿蔔，請擺給我看。

　　(3) 在李家種了 2 棵白蘿蔔和 2 棵紅蘿蔔，請擺給我看。

4. 讓我們重新再來種菜。

　　(1) 在王家種了 1 棵白蘿蔔和 3 棵紅蘿蔔，請擺給我看。

　　(2) 在林家種了 1 棵紅蘿蔔和 3 棵高麗菜，請擺給我看。

(3) 在李家種了 1 棵高麗菜和 3 棵蕃薯，請擺給我看。

B　**不分類／無關資料／加法**

1. 現在讓我們來算算看。

   (1) 三家菜園總共種了多少棵**高麗菜**呢？【5】

   (2) 三家菜園總共種了多少棵**紅蘿蔔和蕃薯**呢？【5】

2. 現在讓我們來算算看。

   (1) 三家菜園總共種了多少棵**白蘿蔔**呢？【3】

   (2) 三家菜園總共種了多少棵**蕃薯和高麗菜**呢？【6】

3. 現在讓我們來算算看。

   (1) 三家菜園總共種了多少棵**蕃薯**呢？【2】

   (2) 三家菜園總共種了多少棵**高麗菜和白蘿蔔**呢？【6】

4. 現在讓我們來算算看。

   (1) 三家菜園總共種了多少棵**紅蘿蔔**呢？【4】

   (2) 三家菜園總共種了多少棵**白蘿蔔和紅蘿蔔**呢？【5】

〔四〕

A　**分類／不說數量／無關資料／減法**

1. 有一個週末，三家人一起去看菜園。王家在他們的菜園中找到（1棵）**高麗菜**；林家在他們的菜園中找到（3棵）**白蘿蔔**；李家在他們的菜園中找到（5棵）**蕃薯**。

   (1) 林家比王家多了幾棵蔬菜？【2】

   (2) 李家比林家多了幾棵蔬菜？【2】

   (3) 李家比王家多了幾棵蔬菜？【4】

2. 有一個週末，三家人一起去看菜園。王家在他們的菜園中找到（2棵）**紅蘿蔔**；林家在他們的菜園中找到（1棵）**蕃薯**；李家在他們的

菜園中找到（2棵）高麗菜。

(1) 林家比王家少了幾棵蔬菜？【1】

(2) 李家比林家多了幾棵蔬菜？【1】

(3) 李家比王家多了幾棵蔬菜？【0】

3. 有一個週末，三家人一起去看菜園。王家在他們的菜園中找到（3棵）白蘿蔔；林家在他們的菜園中找到（2棵）高麗菜；李家在他們的菜園中找到（4棵）紅蘿蔔。

(1) 林家比王家少了幾棵蔬菜？【1】

(2) 李家比林家多了幾棵蔬菜？【2】

(3) 李家比王家多了幾棵蔬菜？【1】

4. 有一個週末，三家人一起去看菜園。王家在他們的菜園中找到（4棵）蕃薯；林家在他們的菜園中找到（5棵）紅蘿蔔；李家在他們的菜園中找到（2棵）白蘿蔔。

(1) 林家比王家多了幾棵蔬菜？【1】

(2) 李家比林家少了幾棵蔬菜？【3】

(3) 李家比王家少了幾棵蔬菜？【2】

〔五〕

A　不分類／數數

1. 有一天，有人到三個菜園來買蔬菜。

(1) 在王家，他看到種有 2 棵高麗菜和 3 棵白蘿蔔，請擺給我看。

(2) 在林家，他看到種有 1 棵蕃薯、3 棵紅蘿蔔和 1 棵白蘿蔔，請擺給我看。

(3) 在李家，他看到種有 1 棵蕃薯、3 棵紅蘿蔔和 1 棵白蘿蔔，請擺給我看。

2. 有一天，有人到三個菜園來買蔬菜。

(1) 在王家，他看到種有 1 **棵白蘿蔔**和 4 **棵蕃薯**，請擺給我看。

(2) 在林家，他看到種有 2 **棵紅蘿蔔**、2 **棵白蘿蔔**和 1 **棵高麗菜**，請擺給我看。

(3) 在李家，他看到種有 2 **棵紅蘿蔔**、2 **棵白蘿蔔**和 1 **棵高麗菜**，請擺給我看。

3. 有一天，有人到三個菜園來買蔬菜。

(1) 在王家，他看到種有 2 **棵蕃薯**和 2 **棵紅蘿蔔**，請擺給我看。

(2) 在林家，他看到種有 2 **棵白蘿蔔**、1 **棵紅蘿蔔**和 1 **棵高麗菜**，請擺給我看。

(3) 在李家，他看到種有 3 **棵白蘿蔔**、1 **棵紅蘿蔔**和 1 **棵高麗菜**，請擺給我看。

4. 有一天，有人到三個菜園來買蔬菜。

(1) 在王家，他看到種有 3 **棵紅蘿蔔**和 1 **棵高麗菜**，請擺給我看。

(2) 在林家，他看到種有 3 **棵高麗菜**、1 **棵紅蘿蔔**和 1 **棵蕃薯**，請擺給我看。

(3) 在李家，他看到種有 2 **棵高麗菜**、1 **棵紅蘿蔔**和 1 **棵蕃薯**，請擺給我看。

B 　不分類／無關資料／減法

1. 現在讓我們來算算看。

(1) 王家的**白蘿蔔**比**高麗菜**多了多少棵？【1】

(2) 林家的**白蘿蔔**和**蕃薯**相差多少？【0】

(3) 李家的菜園中，**紅蘿蔔**和其他的蔬菜相差多少？【1】

(4) 王家菜園中的**白蘿蔔**和林、李二家菜園中的**白蘿蔔**相差多少？

【1】

2. 現在讓我們來算算看。

(1) 王家的**蕃薯**比**白蘿蔔**多了多少棵？【3】

(2) 林家的**紅蘿蔔**和**高麗菜**相差多少？【1】

⑶ 李家的菜園中，**高麗菜**和其他的蔬菜相差多少？【3】

　　⑷ 王家菜園中的**蕃薯**和林、李二家菜園中的**蕃薯**相差多少？【4】

3. 現在讓我們來算算看。

　　⑴ 王家的**蕃薯**比紅蘿蔔多了多少棵？【0】

　　⑵ 林家的**高麗菜**和白蘿蔔相差多少？【1】

　　⑶ 李家的菜園中，**白蘿蔔**和其他的蔬菜相差多少？【1】

　　⑷ 王家菜園中的**紅蘿蔔**和林、李二家菜園中的**紅蘿蔔**相差多少？

　　　【0】

4. 現在讓我們來算算看。

　　⑴ 王家的**紅蘿蔔**比高麗菜多了多少棵？【2】

　　⑵ 林家的**蕃薯**和**紅蘿蔔**相差多少？【0】

　　⑶ 李家的菜園中，**蕃薯**和其他的蔬菜相差多少？【2】

　　⑷ 王家菜園中的**高麗菜**和林、李二家菜園中的**高麗菜**相差多少？

　　　【4】

- -

◐ 補充活動：

　　1. 讓學生做一個可以種花或蔬菜的盒子，並種下種子。

　　2. 指定學生去澆水並定時曬太陽。

口語應用問題教材：第一階段

第十六單元

◑ 教材：

　1.三張農場的故事板。

　2.各種農場動物的卡片組（雞、豬、牛、羊）。

◑ 活動指導：

　1.給學生紙及蠟筆，假裝他們是農夫（而且只擁有一種動物），將
　　他們想養的動物畫下來，並解釋為何選擇這一種動物（若有二個
　　小朋友畫相同的動物，讓他們坐在一起）。

　2.再來要求小朋友唱「王老先生有塊地」這首歌。

　3.然後老師將王老先生及動物，改成某個小朋友的名字及他養的動
　　物，並要小朋友模仿這種動物的聲音。

◑ 教師說明：

　—黃先生是個大富翁，他有三個農場，且每個農場都位於不同的城
　　裡。

　　第一個農場在桃園（出示故事板並放在學生的左邊）。

　　第二個農場在新竹（出示故事板並放在學生的前面）。

　　第三個農場在苗栗（出示故事板並放在學生的右邊）。

〔一〕

1. 黃先生開著他的卡車到各城的農場去。
   (1) 在桃園的農場中，黃先生看到了 **1 頭牛**，請擺出來讓我看。
   (2) 在新竹的農場中，黃先生看到了 **2 頭牛**，請擺出來讓我看。
   (3) 在苗栗的農場中，黃先生看到了 **2 頭牛**，請擺出來讓我看。

2. 黃先生開著他的卡車到各城的農場去。
   (1) 在桃園的農場中，黃先生看到了 **2 隻羊**，請擺出來讓我看。
   (2) 在新竹的農場中，黃先生看到了 **1 隻羊**，請擺出來讓我看。
   (3) 在苗栗的農場中，黃先生看到了 **1 隻羊**，請擺出來讓我看。

3. 黃先生開著他的卡車到各城的農場去。
   (1) 在桃園的農場中，黃先生看到了 **2 隻雞**，請擺出來讓我看。
   (2) 在新竹的農場中，黃先生看到了 **2 隻雞**，請擺出來讓我看。
   (3) 在苗栗的農場中，黃先生看到了 **0 隻雞**，請擺出來讓我看。

4. 黃先生開著他的卡車到各城的農場去。
   (1) 在桃園的農場中，黃先生看到了 **3 隻豬**，請擺出來讓我看。
   (2) 在新竹的農場中，黃先生看到了 **1 隻豬**，請擺出來讓我看。
   (3) 在苗栗的農場中，黃先生看到了 **1 隻豬**，請擺出來讓我看。

B 不分類／加法

1. 三個農場中，共有多少頭**牛**呢？【5】
2. 三個農場中，共有多少隻**羊**呢？【4】
3. 三個農場中，共有多少隻**雞**呢？【4】
4. 三個農場中，共有多少隻**豬**呢？【5】

〔二〕

A　分類／不説數量／加法

1. 在每個農場中，黃先生都會請一個人來照顧這些動物。在桃園農場中，他要工作人員養一些（5頭）**牛**；在新竹農場中，他要工作人員養一些（4隻）**羊**；在苗栗農場中，他要工作人員養一些（4隻）**雞**。三個農場中總共有多少隻動物呢？【13】

2. 在每個農場中，黃先生都會請一個人來照顧這些動物。在桃園農場中，他要工作人員養一些（3隻）**羊**；在新竹農場中，他要工作人員養一些（5隻）**雞**；在苗栗農場中，他要工作人員養一些（4隻）**豬**。三個農場中總共有多少隻動物呢？【12】

3. 在每個農場中，黃先生都會請一個人來照顧這些動物。在桃園農場中，他要工作人員養一些（1隻）**雞**；在新竹農場中，他要工作人員養一些（3隻）**豬**；在苗栗農場中，他要工作人員養一些（5頭）**牛**。三個農場中總共有多少隻動物呢？【9】

4. 在每個農場中，黃先生都會請一個人來照顧這些動物。在桃園農場中，他要工作人員養一些（4隻）**豬**；在新竹農場中，他要工作人員養一些（2頭）**牛**；在苗栗農場中，他要工作人員養一些（3隻）**羊**。三個農場中總共有多少隻動物呢？【9】

〔三〕

A　不分類／數數

1. 現在讓我們來看看。
   ⑴ 在桃園的農場中，有人正在餵2隻羊和1頭牛，請擺出來讓我看。

(2) 在新竹的農場中，有人正在餵 3 頭牛和 2 隻雞，請擺出來讓我看。

(3) 在苗栗的農場中，有人正在餵 3 隻羊和 2 隻豬，請擺出來讓我看。

2. 現在讓我們來看看。

(1) 在桃園的農場中，有人正在餵 3 頭牛和 2 隻雞，請擺出來讓我看。

(2) 在新竹的農場中，有人正在餵 1 隻雞和 3 隻豬，請擺出來讓我看。

(3) 在苗栗的農場中，有人正在餵 2 頭牛和 4 隻羊，請擺出來讓我看。

3. 現在讓我們來看看。

(1) 在桃園的農場中，有人正在餵 2 隻雞和 3 隻豬，請擺出來讓我看。

(2) 在新竹的農場中，有人正在餵 1 隻豬和 4 隻羊，請擺出來讓我看。

(3) 在苗栗的農場中，有人正在餵 2 隻雞和 2 頭牛，請擺出來讓我看。

4. 現在讓我們來看看。

(1) 在桃園的農場中，有人正在餵 1 隻豬和 4 隻羊，請擺出來讓我看。

(2) 在新竹的農場中，有人正在餵 1 隻羊和 3 頭牛，請擺出來讓我看。

(3) 在苗栗的農場中，有人正在餵 3 隻豬和 1 隻雞，請擺出來讓我看。

B 不分類／無關資料／加法

1. 讓我們來算算看。

(1) 三個農場中共餵了幾頭牛呢？【4】

(2) 三個農場中共餵了幾隻羊和雞呢？【7】

2. 讓我們來算算看。

(1) 三個農場中共餵了幾隻雞呢？【3】

(2) 三個農場中共餵了幾隻牛和豬呢？【8】

3. 讓我們來算算看。

(1) 三個農場中共餵了幾隻豬呢？【4】

(2) 三個農場中共餵了幾隻豬和雞呢？【8】

4. 讓我們來算算看。

(1) 三個農場中共餵了幾隻羊呢？【5】

(2) 三個農場中共餵了幾隻羊和豬呢？【9】

〔四〕

分類／無關資料／減法

1. 黃先生想要帶一些動物到市場去賣，他想要賣不同的動物，所以他決
   定從桃園的農場帶 5 頭牛到市場去；從新竹的農場帶 3 隻羊到市場
   去；從苗栗的農場帶 1 隻雞到市場去。
   ⑴ 黃先生在桃園比新竹多帶了幾隻動物？【2】
   ⑵ 黃先生在桃園比苗栗多帶了幾隻動物？【4】
   ⑶ 黃先生在新竹比苗栗多帶了幾隻動物？【2】

2. 黃先生想要帶一些動物到市場去賣，他想要賣不同的動物，所以他決
   定從桃園的農場帶 2 隻羊到市場去；從新竹的農場帶 5 隻豬到市場
   去；從苗栗的農場帶 5 頭牛到市場去。
   ⑴ 黃先生在桃園比新竹少帶了幾隻動物？【3】
   ⑵ 黃先生在桃園比苗栗少帶了幾隻動物？【3】
   ⑶ 黃先生在新竹比苗栗少帶了幾隻動物？【0】

3. 黃先生想要帶一些動物到市場去賣，他想要賣不同的動物，所以他決
   定從桃園的農場帶 4 隻豬到市場去；從新竹的農場帶 4 隻雞到市場
   去；從苗栗的農場帶 2 隻羊到市場去。
   ⑴ 黃先生在桃園比新竹多帶了幾隻動物？【0】
   ⑵ 黃先生在桃園比苗栗多帶了幾隻動物？【2】
   ⑶ 黃先生在新竹比苗栗多帶了幾隻動物？【2】

4. 黃先生想要帶一些動物到市場去賣，他想要賣不同的動物，所以他決
   定從桃園的農場帶 3 隻雞到市場去；從新竹的農場帶 1 頭牛到市場
   去；從苗栗的農場帶 5 隻豬到市場去。
   ⑴ 黃先生在桃園比新竹多帶了幾隻動物？【2】
   ⑵ 黃先生在桃園比苗栗少帶了幾隻動物？【2】

(3) 黃先生在新竹比苗栗少帶了幾隻動物？【4】

〔五〕

A 不分類／數數

1. 一年一度的商展來了，黃先生想將他最好的動物展示出來。在桃園農場中，他選擇了 3 頭牛和 1 隻雞；在新竹農場中，他選擇了 2 隻雞和 3 隻羊；在苗栗農場中，他選擇了 1 隻羊、2 隻豬和 2 頭牛。

2. 一年一度的商展來了，黃先生想將他最好的動物展示出來。在桃園農場中，他選擇了 2 隻雞和 3 隻羊；在新竹農場中，他選擇了 2 隻羊和 2 隻豬；在苗栗農場中，他選擇了 3 隻豬、1 頭牛和 1 隻雞。

3. 一年一度的商展來了，黃先生想將他最好的動物展示出來。在桃園農場中，他選擇了 1 隻羊和 2 隻豬；在新竹農場中，他選擇了 1 隻豬和 4 頭牛；在苗栗農場中，他選擇了 1 頭牛、2 隻雞和 1 隻羊。

4. 一年一度的商展來了，黃先生想將他最好的動物展示出來。在桃園農場中，他選擇了 2 隻豬和 2 頭牛；在新竹農場中，他選擇了 3 頭牛和 2 隻雞；在苗栗農場中，他選擇了 2 隻雞、2 隻羊和 1 隻豬。

B 不分類／無關資料／減法

1. 現在讓我們來算算看。
   (1) 在桃園農場中牛比雞多了多少呢？【2】
   (2) 在新竹農場中雞比羊少了多少呢？【1】
   (3) 在苗栗農場中，黃先生選的羊比其他兩種動物少多少呢？【3】
   (4) 黃先生在桃園農場中比在苗栗農場中多選了幾頭牛呢？【1】

2. 現在讓我們來算算看。
   (1) 在桃園農場中羊比雞多了多少呢？【1】
   (2) 在新竹農場中羊比豬少了多少呢？【0】

(3) 在苗栗農場中，黃先生選的**豬**比其他兩種動物多多少呢？【1】

(4) 黃先生在新竹農場中比在苗栗農場中少選了幾隻**豬**呢？【1】

3. 現在讓我們來算算看。

(1) 在桃園農場中**豬**比**羊**多了多少呢？【1】

(2) 在新竹農場中**豬**比**牛**少了多少呢？【3】

(3) 在苗栗農場中，黃先生選的**牛**比其他兩種動物少多少呢？【2】

(4) 黃先生在新竹農場中比在桃園農場中多選了幾頭**牛**呢？【4】

4. 現在讓我們來算算看。

(1) 在桃園農場中**豬**比**牛**多了多少呢？【0】

(2) 在新竹農場中**雞**比**牛**少了多少呢？【1】

(3) 在苗栗農場中，黃先生選的**豬**比其他兩種動物少多少呢？【3】

(4) 黃先生在新竹農場中比在苗栗農場中多選了幾隻**雞**呢？【0】

◑ 補充活動：

  1.叫學生到圖書館中選一本有關農場的書，帶到學校來。

  2.每天在故事時間，從中挑出一個不同的農場故事。

  3.討論故事中的不同點（包括不同種類的動物或相似處）。

第十七單元

◑ **教材：**

　1.三張動物園的故事板。

　2.各種野生動物的卡片組（大象、斑馬、鸚鵡、猴子）。

◑ **活動指導：**

　1.讓學生畫出動物園中最喜歡的動物，並互相交換，說出他喜歡這
　　張畫的哪一部分（如：顏色、構圖）。

◑ **教師說明：**

　　　今天我們要去參觀一個大動物園，在動物園中，人們可以看到
　許多別的地方看不到的動物。在我們的動物園中沒有籠子，動物可
　以四處走動。

　　　在我們的動物園中，有許多的動物，分由三個動物管理員來看
　管。王先生負責第一部分（在學生的左方），林先生負責第二部分
　（在學生的前方），李先生負責第三部分（在學生的右方）。

〔一〕

A   不分類／計算

1. 參觀王先生的負責區時，我們看到了 **5 隻大象**；參觀林先生的負責區時，我們看到了 **2 隻大象**；參觀李先生的負責區時，我們看到了 **2 隻大象**，請你擺給我看。

2. 參觀王先生的負責區時，我們看到了 **4 隻斑馬**；參觀林先生的負責區時，我們看到了 **3 隻斑馬**；參觀李先生的負責區時，我們看到了 **1 隻斑馬**，請你擺給我看。

3. 參觀王先生的負責區時，我們看到了 **3 隻鸚鵡**；參觀林先生的動物園時，我們看到了 **3 隻鸚鵡**；參觀李先生的負責區時，我們看到了 **2 隻鸚鵡**，請你擺給我看。

4. 參觀王先生的負責區時，我們看到了 **2 隻猴子**；參觀林先生的負責區時，我們看到了 **2 隻猴子**；參觀李先生的負責區時，我們看到了 **2 隻猴子**，請你擺給我看。

B   不分類／加法

1. 在三個管理員的負責區中，共有多少隻**大象**呢？【9】
2. 在三個管理員的負責區中，共有多少隻**斑馬**呢？【8】
3. 在三個管理員的負責區中，共有多少隻**鸚鵡**呢？【8】
4. 在三個管理員的負責區中，共有多少隻**猴子**呢？【6】

〔二〕

1. 現在正是餵食時間，王先生正在餵一些（7隻）**大象**；林先生正在餵一些（8隻）**斑馬**；李先生正在餵一些（9隻）**鸚鵡**。

三個區域中，共有多少隻動物正在吃食物呢？【24】

2. 現在正是餵食時間，王先生正在餵一些（7隻）斑馬；林先生正在餵一些（7隻）鸚鵡；李先生正在餵一些（8隻）猴子。

三個區域中，共有多少隻動物正在吃食物呢？【22】

3. 現在正是餵食時間，王先生正在餵一些（6隻）鸚鵡；林先生正在餵一些（8隻）猴子；李先生正在餵一些（8隻）大象。

三個區域中，共有多少隻動物正在吃食物呢？【22】

4. 現在正是餵食時間，王先生正在餵一些（8隻）猴子；林先生正在餵一些（6隻）大象；李先生正在餵一些（7隻）斑馬。

三個區域中，共有多少隻動物正在吃食物呢？【21】

B 分類／無關資料／加法

1. 讓我們來算算看。

   (1) 在王先生和林先生負責的區域中，共有多少隻動物正在吃食物呢？【15】

   (2) 在王先生和李先生負責的區域中，共有多少隻動物正在吃食物呢？【16】

   (3) 在林先生和李先生負責的區域中，共有多少隻動物正在吃食物呢？【17】

2. 讓我們來算算看。

   (1) 在王先生和林先生負責的區域中，共有多少隻動物正在吃食物呢？【14】

   (2) 在王先生和李先生負責的區域中，共有多少隻動物正在吃食物呢？【15】

   (3) 在林先生和李先生負責的區域中，共有多少隻動物正在吃食物呢？【15】

3. 讓我們來算算看。

   (1) 在王先生和林先生負責的區域中，共有多少隻動物正在吃食物呢？

【14】

⑵ 在王先生和李先生負責的區域中，共有多少隻動物正在吃食物呢？

【14】

⑶ 在林先生和李先生負責的區域中，共有多少隻動物正在吃食物呢？

【16】

4. 讓我們來算算看。

⑴ 在王先生和林先生負責的區域中，共有多少隻動物正在吃食物呢？

【14】

⑵ 在王先生和李先生負責的區域中，共有多少隻動物正在吃食物呢？

【15】

⑶ 在林先生和李先生負責的區域中，共有多少隻動物正在吃食物呢？

【13】

〔三〕

A **不分類／數數**

1. 管理員長要求三位管理員在他們的負責區中，都要養兩種動物。

⑴ 結果王先生養了 3 **隻大象**和 4 **隻斑馬**在他的區域中，請你擺給我看。

⑵ 林先生養了 4 **隻斑馬**和 5 **隻鸚鵡**在他的區域中，請你擺給我看。

⑶ 李先生養了 3 **隻鸚鵡**和 6 **隻大象**在他的區域中，請你擺給我看。

⑷ 現在三個區域中，共有多少隻**大象**？【9】

⑸ 現在三個區域中，共有多少隻**大象**和**鸚鵡**？【17】

2. 管理員長要求三位管理員在他們的負責區中，都要養兩種動物。

⑴ 結果王先生養了 4 **隻斑馬**和 4 **隻鸚鵡**在他的區域中，請你擺給我看。

⑵ 林先生養了 4 **隻鸚鵡**和 4 **隻猴子**在他的區域中，請你擺給我看。

(3) 李先生養了 5 隻猴子和 2 隻大象在他的區域中，請你擺給我看。

(4) 現在三個區域中，共有多少隻**鸚鵡**？【8】

(5) 現在三個區域中，共有多少隻**鸚鵡**和**猴子**？【17】

3. 管理員長要求三位管理員在他們的負責區中，都要養兩種動物。

　　(1) 結果王先生養了 5 **隻鸚鵡**和 3 **隻猴子**在他的區域中，請你擺給我看。

　　(2) 林先生養了 4 **隻猴子**和 3 **隻大象**在他的區域中，請你擺給我看。

　　(3) 李先生養了 6 **隻大象**和 3 **隻斑馬**在他的區域中，請你擺給我看。

　　(4) 現在三個區域中，共有多少隻**猴子**？【7】

　　(5) 現在三個區域中，共有多少隻**猴子**和**大象**？【16】

4. 管理員長要求三位管理員在他們的負責區中，都要養兩種動物。

　　(1) 結果王先生養了 3 **隻猴子**和 3 **隻大象**在他的區域中，請你擺給我看。

　　(2) 林先生養了 3 **隻大象**和 3 **隻斑馬**在他的區域中，請你擺給我看。

　　(3) 李先生養了 5 **隻斑馬**和 4 **隻鸚鵡**在他的區域中，請你擺給我看。

　　(4) 現在三個區域中，共有多少隻**斑馬**？【8】

　　(5) 現在三個區域中，共有多少隻**大象**和**斑馬**？【14】

〔四〕

A　分類／不說數量／無關資料／減法

1. 今天，管理員決定將他們管理區域中的動物展示出來。王先生決定展示一些（6 隻）大象；林先生決定展示一些（9 隻）斑馬；李先生決定展示一些（2 隻）鸚鵡。

　　(1) 王先生比林先生少展示了幾隻動物呢？【3】

　　(2) 王先生比李先生多展示了幾隻動物呢？【4】

　　(3) 林先生比李先生多展示了幾隻動物呢？【7】

2. 今天，管理員決定將他們管理區域中的動物展示出來。王先生決定展示一些（7隻）斑馬；林先生決定展示一些（5隻）鸚鵡；李先生決定展示一些（4隻）猴子。

   (1) 王先生比林先生多展示了幾隻動物呢？【2】

   (2) 王先生比李先生多展示了幾隻動物呢？【3】

   (3) 林先生比李先生多展示了幾隻動物呢？【1】

3. 今天，管理員決定將他們管理區域中的動物展示出來。王先生決定展示一些（8隻）鸚鵡；林先生決定展示一些（4隻）猴子；李先生決定展示一些（6隻）大象。

   (1) 王先生比林先生多展示了幾隻動物呢？【4】

   (2) 王先生比李先生多展示了幾隻動物呢？【2】

   (3) 林先生比李先生少展示了幾隻動物呢？【2】

4. 今天，管理員決定將他們管理區域中的動物展示出來。王先生決定展示一些（9隻）猴子；林先生決定展示一些（6隻）大象；李先生決定展示一些（3隻）斑馬。

   (1) 王先生比林先生多展示了幾隻動物呢？【3】

   (2) 王先生比李先生多展示了幾隻動物呢？【6】

   (3) 林先生比李先生多展示了幾隻動物呢？【3】

〔五〕

A 不分類／數數

1. 讓我們一起到動物園來看看。

   (1) 王先生想要放9隻大象和6隻斑馬在他的區域中，你能幫忙擺出來嗎？

   (2) 林先生想要放3隻斑馬和8隻鸚鵡在他的區域中，你能幫忙擺出來嗎？

(3) 李先生想要放 5 隻猴子和 2 隻大象在他的區域中，你能幫忙擺出來嗎？

2. 讓我們一起到動物園來看看。

   (1) 王先生想要放 7 隻斑馬和 3 隻鸚鵡在他的區域中，你能幫忙擺出來嗎？

   (2) 林先生想要放 3 隻猴子和 4 隻鸚鵡在他的區域中，你能幫忙擺出來嗎？

   (3) 李先生想要放 6 隻大象和 2 隻斑馬在他的區域中，你能幫忙擺出來嗎？

3. 讓我們一起到動物園來看看。

   (1) 王先生想要放 8 隻鸚鵡和 5 隻猴子在他的區域中，你能幫忙擺出來嗎？

   (2) 林先生想要放 6 隻猴子和 9 隻大象在他的區域中，你能幫忙擺出來嗎？

   (3) 李先生想要放 4 隻斑馬和 4 隻鸚鵡在他的區域中，你能幫忙擺出來嗎？

4. 讓我們一起到動物園來看看。

   (1) 王先生想要放 5 隻大象和 3 隻猴子在他的區域中，你能幫忙擺出來嗎？

   (2) 林先生想要放 1 隻大象和 4 隻斑馬在他的區域中，你能幫忙擺出來嗎？

   (3) 李先生想要放 1 隻鸚鵡和 6 隻猴子在他的區域中，你能幫忙擺出來嗎？

B   **不分類／無關資料／減法**

1. 現在我們來算算看。

   (1) 在王先生的區域中，**大象比斑馬**多展示出幾隻呢？【3】

   (2) 在林先生的區域中，**斑馬比鸚鵡**少展示出幾隻呢？【5】

(3) 在李先生的區域中，**猴子**比**大象**多展示出幾隻呢？【3】

(4) 王先生比李先生的區域多了幾隻**大象**呢？【7】

2. 現在我們來算算看。

(1) 在王先生的區域中，**斑馬**比**鸚鵡**多展示出幾隻呢？【4】

(2) 在林先生的區域中，**猴子**比**鸚鵡**少展示出幾隻呢？【1】

(3) 在李先生的區域中，**大象**比**斑馬**多展示出幾隻呢？【4】

(4) 王先生比林先生的區域少了幾隻**鸚鵡**呢？【1】

3. 現在我們來算算看。

(1) 在王先生的區域中，**鸚鵡**比**猴子**多展示出幾隻呢？【3】

(2) 在林先生的區域中，**猴子**比**大象**少展示出幾隻呢？【3】

(3) 在李先生的區域中，**斑馬**比**鸚鵡**多展示出幾隻呢？【0】

(4) 林先生比王先生的區域多了幾隻**猴子**呢？【1】

4. 現在我們來算算看。

(1) 在王先生的區域中，**大象**比**猴子**多展示出幾隻呢？【2】

(2) 在林先生的區域中，**大象**比**斑馬**少展示出幾隻呢？【3】

(3) 在李先生的區域中，**猴子**比**鸚鵡**多展示出幾隻呢？【5】

(4) 李先生比王先生的區域多了幾隻**猴子**呢？【3】

◑ 補充活動：

讓學生圍成一圈，並要他們重複任何你講的話，並模仿你的任何動作。

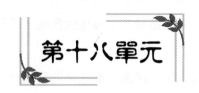

第十八單元

◑ **教材：**

　1. 三張玩具店的故事板。

　2. 各種玩具的卡片組（魔術箱、洋娃娃、棒球手套、足球）。

◑ **活動指導：**

　1. 收集各種玩具，或要求學生從家裡帶小玩具來（並放到大袋子中）。

　2. 要求每個學生畫一種玩具，並要學生告訴同學這個玩具的名稱及使用方法。

　3. 當所有的畫完成時，討論一下還有什麼玩具可以放在店裡展售（並問其理由）。

◑ **教師說明：**

　─林太太有個生意很好的玩具店，所以她決定在全省各地再多開二家分店。

　─她稱呼它們為台北店（學生的左側）、台中店（學生的前方）、高雄店（學生的右側）。

　─她還雇用了三位經理，負責經營管理這些玩具店。

〔一〕

1. 現在我們來看看這三家店。
   ⑴ 在台北店裡，經理打算要放置 6 個**魔術箱**，請幫他放好。
   ⑵ 在台中店裡，經理打算要放置 1 個**魔術箱**，請幫他放好。
   ⑶ 在高雄店裡，經理打算要放置 2 個**魔術箱**，請幫他放好。

2. 現在我們來看看這三家店。
   ⑴ 在台北店裡，經理打算要放置 5 個**洋娃娃**，請幫他放好。
   ⑵ 在台中店裡，經理打算要放置 1 個**洋娃娃**，請幫他放好。
   ⑶ 在高雄店裡，經理打算要放置 2 個**洋娃娃**，請幫他放好。

3. 現在我們來看看這三家店。
   ⑴ 在台北店裡，經理打算要放置 2 個**棒球手套**，請幫他放好。
   ⑵ 在台中店裡，經理打算要放置 4 個**棒球手套**，請幫他放好。
   ⑶ 在高雄店裡，經理打算要放置 1 個**棒球手套**，請幫他放好。

4. 現在我們來看看這三家店。
   ⑴ 在台北店裡，經理打算要放置 3 個**足球**，請幫他放好。
   ⑵ 在台中店裡，經理打算要放置 3 個**足球**，請幫他放好。
   ⑶ 在高雄店裡，經理打算要放置 3 個**足球**，請幫他放好。

B   不分類／加法

1. 在三間店裡，共有多少個**魔術箱**呢？【9】
2. 在三間店裡，共有多少個**洋娃娃**呢？【8】
3. 在三間店裡，共有多少個**棒球手套**呢？【7】
4. 在三間店裡，共有多少個**足球**呢？【9】

〔二〕

　分類／不說數量／加法

1. 林太太決定要大拍賣，於是她要台北店的經理放一些（4個）**魔術箱**在他的店中；台中店的經理放一些（7個）**洋娃娃**在他的店中；高雄店的經理放一些（7個）**棒球手套**在他的店中。
   現在三間店裡，共有多少個玩具在展示呢？【18】

2. 林太太決定要大拍賣，於是她要台北店的經理放一些（5個）**洋娃娃**在他的店中；台中店的經理放一些（8個）**棒球手套**在他的店中；高雄店的經理放一些（6個）**足球**在他的店中。
   現在三間店裡，共有多少個玩具在展示呢？【19】

3. 林太太決定要大拍賣，於是她要台北店的經理放一些（7個）**棒球手套**在他的店中；台中店的經理放一些（4個）**足球**在他的店中；高雄店的經理放一些（3個）**魔術箱**在他的店中。
   現在三間店裡，共有多少個玩具在展示呢？【14】

4. 林太太決定要大拍賣，於是她要台北店的經理放一些（6個）**足球**在他的店中；台中店的經理放一些（6個）**魔術箱**在他的店中；高雄店的經理放一些（9個）**洋娃娃**在他的店中。
   現在三間店裡，共有多少個玩具在展示呢？【21】

B　**分類／不說數量／無關資料／加法**

1. 現在讓我們來算算看。
   (1) 在台北店及台中店中，共有多少個玩具？【11】
   (2) 在台北店及高雄店中，共有多少個玩具？【11】
   (3) 在台中店及高雄店中，共有多少個玩具？【14】

2. 現在讓我們來算算看。

(1) 在台北店及台中店中，共有多少個玩具？【13】

(2) 在台北店及高雄店中，共有多少個玩具？【11】

(3) 在台中店及高雄店中，共有多少個玩具？【14】

3. 現在讓我們來算算看。

(1) 在台北店及台中店中，共有多少個玩具？【11】

(2) 在台北店及高雄店中，共有多少個玩具？【10】

(3) 在台中店及高雄店中，共有多少個玩具？【7】

4. 現在讓我們來算算看。

(1) 在台北店及台中店中，共有多少個玩具？【12】

(2) 在台北店及高雄店中，共有多少個玩具？【15】

(3) 在台中店及高雄店中，共有多少個玩具？【15】

〔三〕

A 不分類／數數

1. 在一個陽光普照的日子，林太太決定去看她的玩具店。

(1) 在台北店中，她要經理放 5 個魔術箱和 2 個洋娃娃，你可以幫忙放好嗎？

(2) 在台中店中，她要經理放 4 個洋娃娃和 3 個棒球手套，你可以幫忙放好嗎？

(3) 在高雄店中，她要經理放 2 個棒球手套和 6 個足球，你可以幫忙放好嗎？

2. 在一個陽光普照的日子，林太太決定去看她的玩具店。

(1) 在台北店中，她要經理放 3 個洋娃娃和 5 個棒球手套，你可以幫忙放好嗎？

(2) 在台中店中，她要經理放 3 個棒球手套和 6 個足球，你可以幫忙放好嗎？

⑶ 在高雄店中，她要經理放 **1 個足球**和 **7 個魔術箱**，你可以幫忙放好嗎？

3. 在一個陽光普照的日子，林太太決定去看她的玩具店。

⑴ 在台北店中，她要經理放 **3 個棒球手套**和 **3 個足球**，你可以幫忙放好嗎？

⑵ 在台中店中，她要經理放 **2 個足球**和 **7 個魔術箱**，你可以幫忙放好嗎？

⑶ 在高雄店中，她要經理放 **1 個魔術箱**和 **4 個棒球手套**，你可以幫忙放好嗎？

4. 在一個陽光普照的日子，林太太決定去看她的玩具店。

⑴ 在台北店中，她要經理放 **1 個足球**和 **6 個魔術箱**，你可以幫忙放好嗎？

⑵ 在台中店中，她要經理放 **3 個魔術箱**和 **5 個洋娃娃**，你可以幫忙放好嗎？

⑶ 在高雄店中，她要經理放 **3 個洋娃娃**和 **5 個棒球手套**，你可以幫忙放好嗎？

B **不分類／無關資料／加法**

1. 現在讓我們來算算看。

⑴ 三家店裡共有多少個**洋娃娃**呢？【6】

⑵ 三家店裡共有多少個**魔術箱**和**棒球手套**呢？【10】

2. 現在讓我們來算算看。

⑴ 三家店裡共有多少個**足球**呢？【7】

⑵ 三家店裡共有多少個**棒球手套**和**足球**呢？【15】

3. 現在讓我們來算算看。

⑴ 三家店裡共有多少個**棒球手套**呢？【7】

⑵ 三家店裡共有多少個**足球**和**魔術箱**呢？【13】

4. 現在讓我們來算算看。

⑴ 三家店裡共有多少個**魔術箱**呢？【9】

⑵ 三家店裡共有多少個**魔術箱**和**洋娃娃**呢？【17】

〔四〕

A　**分類／不說數量／無關資料／減法**

1. 玩具店裡的玩具不夠了，林太太很擔心，讓我們來看看問題出在哪裡？在台北店中，只有一些（9個）**魔術箱**；在台中店中，只有一些（6個）**洋娃娃**；在高雄店中，只有一些（3個）**棒球手套**。

⑴ 台北店比台中店多了多少玩具？【3】

⑵ 台北店比高雄店多了多少玩具？【6】

⑶ 台中店比高雄店多了多少玩具？【3】

2. 玩具店裡的玩具不夠了，林太太很擔心，讓我們來看看問題出在哪裡？在台北店中，只有一些（5個）**洋娃娃**；在台中店中，只有一些（9個）**棒球手套**；在高雄店中，只有一些（1個）**足球**。

⑴ 台北店比台中店少了多少玩具？【4】

⑵ 台北店比高雄店多了多少玩具？【4】

⑶ 台中店比高雄店多了多少玩具？【8】

3. 玩具店裡的玩具不夠了，林太太很擔心，讓我們來看看問題出在哪裡？在台北店中，只有一些（7個）**棒球手套**；在台中店中，只有一些（2個）**足球**；在高雄店中，只有一些（2個）**魔術箱**。

⑴ 台北店比台中店多了多少玩具？【5】

⑵ 台北店比高雄店多了多少玩具？【5】

⑶ 台中店比高雄店多了多少玩具？【0】

4. 玩具店裡的玩具不夠了，林太太很擔心，讓我們來看看問題出在哪裡？在台北店中，只有一些（6個）**足球**；在台中店中，只有一些（8個）**魔術箱**；在高雄店中，只有一些（5個）**洋娃娃**。

(1) 台北店比台中店少了多少玩具？【2】

(2) 台北店比高雄店多了多少玩具？【1】

(3) 台中店比高雄店多了多少玩具？【3】

〔五〕

A　不分類／數數

1. 年終將近，聖誕節大拍賣要開始了，林太太要各分店的經理賣掉剩餘的玩具。

(1) 她要台北店擺上 5 **個魔術箱**和 4 **個洋娃娃**，請幫他擺好。

(2) 她要台中店擺上 2 **個洋娃娃**和 6 **個棒球手套**，請幫他擺好。

(3) 她要高雄店擺上 2 **個棒球手套**、4 **個足球**和 3 **個魔術箱**，請幫他擺好。

2. 年終將近，聖誕節大拍賣要開始了，林太太要各分店的經理賣掉剩餘的玩具。

(1) 她要台北店擺上 3 **個洋娃娃**和 5 **個棒球手套**，請幫他擺好。

(2) 她要台中店擺上 3 **個棒球手套**和 1 **個足球**，請幫他擺好。

(3) 她要高雄店擺上 5 **個足球**、1 **個魔術箱**和 2 **個洋娃娃**，請幫他擺好。

3. 年終將近，聖誕節大拍賣要開始了，林太太要各分店的經理賣掉剩餘的玩具。

(1) 她要台北店擺上 2 **個棒球手套**和 5 **個足球**，請幫他擺好。

(2) 她要台中店擺上 2 **個足球**和 7 **個魔術箱**，請幫他擺好。

(3) 她要高雄店擺上 1 **個魔術箱**、5 **個洋娃娃**和 3 **個棒球手套**，請幫他擺好。

4. 年終將近，聖誕節大拍賣要開始了，林太太要各分店的經理賣掉剩餘的玩具。

⑴ 她要台北店擺上 6 個足球和 1 個魔術箱，請幫他擺好。

⑵ 她要台中店擺上 6 個魔術箱和 3 個洋娃娃，請幫他擺好。

⑶ 她要高雄店擺上 5 個洋娃娃、2 個棒球手套和 2 個足球，請幫他擺好。

B 不分類／無關資料／減法

1. 現在讓我們來算算看。
   ⑴ 台北店中的**魔術箱**比洋娃娃多出多少呢？【1】
   ⑵ 台中店中的**洋娃娃**比棒球手套少了多少呢？【4】
   ⑶ 台北店中的**魔術箱**比高雄店多了多少呢？【2】

2. 現在讓我們來算算看。
   ⑴ 台北店中的**棒球手套**比洋娃娃多出多少呢？【2】
   ⑵ 台中店中的**足球**比棒球手套少了多少呢？【2】
   ⑶ 台中店中的**足球**比高雄店少了多少呢？【4】

3. 現在讓我們來算算看。
   ⑴ 台北店中的**足球**比棒球手套多出多少呢？【3】
   ⑵ 台中店中的**足球**比魔術箱少了多少呢？【5】
   ⑶ 台北店中的**足球**比台中店多了多少呢？【3】

4. 現在讓我們來算算看。
   ⑴ 台北店中的**足球**比魔術箱多出多少呢？【5】
   ⑵ 台中店中的**洋娃娃**比魔術箱少了多少呢？【3】
   ⑶ 台中店中的**洋娃娃**比高雄店少了多少呢？【2】

C 分類／無關資料／減法

1. 高雄店中的**足球**比店中其他的玩具少了多少呢？【1】
2. 高雄店中的**足球**比店中其他的玩具多了多少呢？【2】
3. 高雄店中的**棒球手套**比店中其他的玩具少了多少呢？【3】
4. 高雄店中的**洋娃娃**比店中其他的玩具多了多少呢？【1】

◖ 補充活動：

　　和學生討論不同的店，販賣不同種的物品（如雜貨店，可賣食品；五金店，可賣工具等）。將學生分成幾組，讓每一組開設一種店面，並讓他們描述每一種店的樣子。

◑ 教材：

1. 三張水果樹的故事板。

2. 各種水果的卡片組（蘋果、香蕉、蜜李、水梨）。

3. 各種野生動物的卡片組（斑馬、鸚鵡、大象、猴子）。

◑ 活動指導：

1. 對學生展示水果的圖卡。

2. 若學生知道這種水果，就請舉手（答對者就擁有這張卡）。

3. 進行此遊戲，直到所有的卡片都被猜對。

◑ 教師的說明：

—讓我們假設在一個果園中，有三棵樹，分別是松樹（學生的左側）、楓樹（學生的前面）及榕樹（學生的右側）。

—有一天松樹對楓樹及榕樹說，它聽到園中有野生動物的聲音，讓我們看看到底是怎麼一回事呢？

〔一〕

1. 在松樹的樹枝上長了 4 個蘋果；在榕樹的樹枝上長了 2 個水梨；在楓
   樹的樹枝上長了 2 個蜜李和 3 根香蕉。
   在三棵樹上，總共有多少個水果？【11】

2. 在松樹的樹枝上長了 5 個水梨；在榕樹的樹枝上長了 1 個蜜李；在楓
   樹的樹枝上長了 4 根香蕉和 1 個蘋果。
   在三棵樹上，總共有多少個水果？【11】

3. 在松樹的樹枝上長了 3 個蜜李；在榕樹的樹枝上長了 4 根香蕉；在楓
   樹的樹枝上長了 2 個水梨和 2 個蘋果。
   在三棵樹上，總共有多少個水果？【11】

4. 在松樹的樹枝上長了 2 根香蕉；在榕樹的樹枝上長了 5 個蘋果；在楓
   樹的樹枝上長了 3 個蜜李和 1 個水梨。
   在三棵樹上，總共有多少個水果？【11】

B 分類／無關資料／加法

1. 現在讓我們來算算看。
   (1) 在松樹及榕樹的枝幹上，共有多少個水果呢？【6】
   (2) 在松樹及楓樹的枝幹上，共有多少個水果呢？【9】
   (3) 在榕樹及楓樹的枝幹上，共有多少個水果呢？【7】

2. 現在讓我們來算算看。
   (1) 在松樹及榕樹的枝幹上，共有多少個水果呢？【6】
   (2) 在松樹及楓樹的枝幹上，共有多少個水果呢？【10】
   (3) 在榕樹及楓樹的枝幹上，共有多少個水果呢？【6】

3. 現在讓我們來算算看。

(1) 在松樹及榕樹的枝幹上，共有多少個水果呢？【7】

(2) 在松樹及楓樹的枝幹上，共有多少個水果呢？【7】

(3) 在榕樹及楓樹的枝幹上，共有多少個水果呢？【8】

4. 現在讓我們來算算看。

(1) 在松樹及榕樹的枝幹上，共有多少個水果呢？【7】

(2) 在松樹及楓樹的枝幹上，共有多少個水果呢？【6】

(3) 在榕樹及楓樹的枝幹上，共有多少個水果呢？【9】

C 不分類／無關資料／減法

1. 讓我們再來算算看。

(1) 在楓樹的枝幹上，**香蕉**比**蜜李**多了多少呢？【1】

(2) 松樹比榕樹多了多少個水果？【2】

(3) 松樹比楓樹少了多少個水果？【1】

2. 讓我們再來算算看。

(1) 在楓樹的枝幹上，**香蕉**比**蘋果**多了多少呢？【3】

(2) 松樹比榕樹多了多少個水果？【4】

(3) 松樹比楓樹少了多少個水果？【0】

3. 讓我們再來算算看。

(1) 在楓樹的枝幹上，**水梨**比**蘋果**多了多少呢？【0】

(2) 松樹比榕樹少了多少個水果？【1】

(3) 松樹比楓樹少了多少個水果？【1】

4. 讓我們再來算算看。

(1) 在楓樹的枝幹上，**蜜李**比**水梨**多了多少呢？【2】

(2) 松樹比榕樹少了多少個水果？【3】

(3) 松樹比楓樹少了多少個水果？【2】

D 不分類／數數

1. 有一天我們來到果園中。

(1) 突然間，有 2 **隻鸚鵡**和 2 **隻猴子**走到松樹的樹幹周圍，請擺給我看。

(2) 然後，有 1 **隻猴子**和 2 **隻斑馬**走到榕樹的樹幹周圍，請擺給我看。

(3) 最後，有 2 **隻斑馬**和 1 **隻大象**走到楓樹的樹幹周圍，請擺給我看。

2. 有一天我們來到果園中。

(1) 突然間，有 3 **隻猴子**和 1 **隻斑馬**走到松樹的樹幹周圍，請擺給我看。

(2) 然後，有 3 **隻斑馬**和 2 **隻大象**走到榕樹的樹幹周圍，請擺給我看。

(3) 最後，有 4 **隻大象**和 1 **隻鸚鵡**走到楓樹的樹幹周圍，請擺給我看。

3. 有一天我們來到果園中。

(1) 突然間，有 1 **隻斑馬**和 4 **隻大象**走到松樹的樹幹周圍，請擺給我看。

(2) 然後，有 1 **隻大象**和 3 **隻鸚鵡**走到榕樹的樹幹周圍，請擺給我看。

(3) 最後，有 1 **隻鸚鵡**和 1 **隻猴子**走到楓樹的樹幹周圍，請擺給我看。

4. 有一天我們來到果園中。

(1) 突然間，有 2 **隻大象**和 3 **隻鸚鵡**走到松樹的樹幹周圍，請擺給我看。

(2) 然後，有 3 **隻鸚鵡**和 1 **隻猴子**走到榕樹的樹幹周圍，請擺給我看。

(3) 最後，有 3 **隻猴子**和 2 **隻大象**走到楓樹的樹幹周圍，請擺給我看。

E **分類／無關資料／加法**

1. 現在請你們算算看。

(1) 共有多少隻動物迷失在我們的果園呢？【10】

(2) 松樹和榕樹下共有多少隻動物呢？【7】

(3) 松樹和楓樹下共有多少隻動物呢？【7】

2. 現在請你們算算看。

(1) 共有多少隻動物迷失在我們的果園呢？【14】

(2) 松樹和榕樹下共有多少隻動物呢？【9】

(3) 松樹和楓樹下共有多少隻動物呢？【9】

3. 現在請你們算算看。

　　(1) 共有多少隻動物迷失在我們的果園呢？【11】

　　(2) 松樹和榕樹下共有多少隻動物呢？【9】

　　(3) 松樹和楓樹下共有多少隻動物呢？【7】

4. 現在請你們算算看。

　　(1) 共有多少隻動物迷失在我們的果園呢？【14】

　　(2) 松樹和榕樹下共有多少隻動物呢？【9】

　　(3) 松樹和楓樹下共有多少隻動物呢？【10】

F　不分類／無關資料／加法

1. 在果園中，共有多少隻**猴子**呢？【3】
2. 在果園中，共有多少隻**大象**呢？【6】
3. 在果園中，共有多少隻**鸚鵡**呢？【4】
4. 在果園中，共有多少隻**大象**呢？【4】

G　分類／無關資料／減法

1. 讓我們一起來算算看。

　　(1) 在松樹上的水果，比在松樹下的動物多了多少呢？【0】

　　(2) 在榕樹上的水果，比在榕樹下的動物少了多少呢？【1】

　　(3) 在楓樹上的水果，比在楓樹下的動物多了多少呢？【2】

　　(4) 在果園內，水果比**鸚鵡**多了多少？【9】

　　(5) 在果園內，水果比**猴子**和**斑馬**多了多少？【4】

2. 讓我們一起來算算看。

　　(1) 在松樹上的水果，比在松樹下的動物多了多少呢？【1】

　　(2) 在榕樹上的水果，比在榕樹下的動物少了多少呢？【4】

　　(3) 在楓樹上的水果，比在楓樹下的動物多了多少呢？【0】

　　(4) 在果園內，水果比**猴子**多了多少？【8】

(5) 在果園內，水果比**斑馬**和**大象**多了多少？【1】

3. 讓我們一起來算算看。

(1) 在松樹上的水果，比在松樹下的動物少了多少呢？【2】

(2) 在榕樹上的水果，比在榕樹下的動物少了多少呢？【0】

(3) 在楓樹上的水果，比在楓樹下的動物多了多少呢？【2】

(4) 在果園內，水果比**大象**多了多少？【6】

(5) 在果園內，水果比**大象**和**鸚鵡**多了多少？【2】

4. 讓我們一起來算算看。

(1) 在松樹上的水果，比在松樹下的動物少了多少呢？【3】

(2) 在榕樹上的水果，比在榕樹下的動物多了多少呢？【1】

(3) 在楓樹上的水果，比在楓樹下的動物少了多少呢？【1】

(4) 在果園內，水果比**斑馬**多了多少？【11】

(5) 在果園內，水果比**鸚鵡**和**猴子**多了多少？【1】

第二十單元

● **教材：**

1. 三張街景的故事板。
2. 各種車輛的卡片組（小汽車、旅行車、大巴士、卡車）。
3. 各種動物的卡片組（雞、豬、牛、羊）。

● **活動指導：**

1. 要求學生說出自己居住的街道名。
2. 找出誰跟誰住得比較近，誰離學校最近或最遠。
3. 並展示三條街的故事板（名稱分別為巧克力街、香草街、草莓街）。

● **教師說明：**

——今天因為有很多人要搬家，所以有許多卡車都出動了。

——另外有許多人要出外旅行，所以旅行車也很忙碌。

——其他許多人因為要工作或購物，而搭乘小汽車或大巴士。

——所以無論草莓街、香草街或巧克力街上，到處是車來車往。

〔一〕

分類／不說數量／加法

1. 在巧克力街上，有一些（3輛）大巴士；在香草街上，有一些（1輛）
   旅行車；在草莓街上，有一些（2輛）卡車和（2輛）小汽車。
   在三條街上，共有多少車輛呢？【8】

2. 在巧克力街上，有一些（4輛）旅行車；在香草街上，有一些（2輛）
   卡車；在草莓街上，有一些（1輛）小汽車和（4輛）大巴士。
   在三條街上，共有多少車輛呢？【11】

3. 在巧克力街上，有一些（5輛）卡車；在香草街上，有一些（2輛）
   小汽車；在草莓街上，有一些（3輛）大巴士和（1輛）旅行車。
   在三條街上，共有多少車輛呢？【11】

4. 在巧克力街上，有一些（2輛）小汽車；在香草街上，有一些（5輛）
   大巴士；在草莓街上，有一些（2輛）旅行車和（3輛）卡車。
   在三條街上，共有多少車輛呢？【12】

B **分類／無關資料／加法**

1. 現在讓我們來算算看。
   (1) 在巧克力街及香草街上，共有多少車輛呢？【4】
   (2) 在巧克力街及草莓街上，共有多少車輛呢？【7】
   (3) 在香草街及草莓街上，共有多少車輛呢？【5】

2. 現在讓我們來算算看。
   (1) 在巧克力街及香草街上，共有多少車輛呢？【6】
   (2) 在巧克力街及草莓街上，共有多少車輛呢？【9】
   (3) 在香草街及草莓街上，共有多少車輛呢？【7】

3. 現在讓我們來算算看。

(1) 在巧克力街及香草街上，共有多少車輛呢？【7】

(2) 在巧克力街及草莓街上，共有多少車輛呢？【9】

(3) 在香草街及草莓街上，共有多少車輛呢？【6】

4. 現在讓我們來算算看。

(1) 在巧克力街及香草街上，共有多少車輛呢？【7】

(2) 在巧克力街及草莓街上，共有多少車輛呢？【7】

(3) 在香草街及草莓街上，共有多少車輛呢？【10】

C 不分類／無關資料／減法

1. 在草莓街上，**卡車**比**小汽車**多了幾輛呢？【0】
2. 在草莓街上，**大巴士**比**小汽車**多了幾輛呢？【3】
3. 在草莓街上，**大巴士**比**旅行車**多了幾輛呢？【2】
4. 在草莓街上，**卡車**比**旅行車**多了幾輛呢？【1】

D 分類／無關資料／減法

1. 讓我們再來算算看。

(1) 在巧克力街上的車比香草街上的車多了幾輛呢？【2】

(2) 在巧克力街上的車比草莓街上的**小汽車**多了幾輛呢？【1】

(3) 在香草街上的車比草莓街上的**卡車**少了幾輛呢？【1】

2. 讓我們再來算算看。

(1) 在巧克力街上的車比香草街上的車多了幾輛呢？【2】

(2) 在巧克力街上的車比草莓街上的**大巴士**少了幾輛呢？【0】

(3) 在香草街上的車比草莓街上的**小汽車**多了幾輛呢？【1】

3. 讓我們再來算算看。

(1) 在巧克力街上的車比香草街上的車多了幾輛呢？【3】

(2) 在巧克力街上的車比草莓街上的**旅行車**多了幾輛呢？【4】

(3) 在香草街上的車比草莓街上的**大巴士**少了幾輛呢？【1】

4. 讓我們再來算算看。

(1) 在巧克力街上的車比香草街上的車少了幾輛呢？【3】

(2) 在巧克力街上的車比草莓街上的**卡車**少了幾輛呢？【1】

(3) 在香草街上的車比草莓街上的**旅行車**多了幾輛呢？【3】

E 不分類／數數

1. 今天早上，王先生載了一車子的動物，正往展示場的方向走，很不幸的，王先生撞到了電線桿，結果卡車的門破了，動物們全都跑到大街上來了。

   (1) 在巧克力街上有 4 **隻豬**和 1 **頭牛**到處遊盪，請把它擺出來。

   (2) 在香草街上有 3 **頭牛**和 2 **隻羊**到處遊盪，請把它擺出來。

   (3) 在草莓街上有 1 **隻羊**和 3 **隻雞**到處遊盪，請把它擺出來。

2. 今天早上，王先生載了一車子的動物，正往展示場的方向走，很不幸的，王先生撞到了電線桿，結果卡車的門破了，動物們全都跑到大街上來了。

   (1) 在巧克力街上有 1 **頭牛**和 3 **隻羊**到處遊盪，請把它擺出來。

   (2) 在香草街上有 1 **隻羊**和 4 **隻雞**到處遊盪，請把它擺出來。

   (3) 在草莓街上有 1 **隻雞**和 3 **隻豬**到處遊盪，請把它擺出來。

3. 今天早上，王先生載了一車子的動物，正往展示場的方向走，很不幸的，王先生撞到了電線桿，結果卡車的門破了，動物們全都跑到大街上來了。

   (1) 在巧克力街上有 2 **隻羊**和 2 **隻雞**到處遊盪，請把它擺出來。

   (2) 在香草街上有 3 **隻雞**和 1 **隻豬**到處遊盪，請把它擺出來。

   (3) 在草莓街上有 1 **隻豬**和 1 **頭牛**到處遊盪，請把它擺出來。

4. 今天早上，王先生載了一車子的動物，正往展示場的方向走，很不幸的，王先生撞到了電線桿，結果卡車的門破了，動物們全都跑到大街上來了。

   (1) 在巧克力街上有 2 **隻雞**和 1 **隻豬**到處遊盪，請把它擺出來。

   (2) 在香草街上有 3 **隻豬**和 2 **頭牛**到處遊盪，請把它擺出來。

(3) 在草莓街上有 **2 頭牛**和 **1 隻豬**到處遊盪，請把它擺出來。

F　**分類／無關資料／加法**

1. 讓我們來算算看。
   (1) 王先生總共有幾隻動物走失了呢？【14】
   (2) 有多少隻動物走失在巧克力街及香草街上呢？【10】
   (3) 有多少隻動物走失在巧克力街及草莓街上呢？【9】
   (4) 有多少隻動物走失在香草街及草莓街上呢？【9】

2. 讓我們來算算看。
   (1) 王先生總共有幾隻動物走失了呢？【13】
   (2) 有多少隻動物走失在巧克力街及香草街上呢？【9】
   (3) 有多少隻動物走失在巧克力街及草莓街上呢？【8】
   (4) 有多少隻動物走失在香草街及草莓街上呢？【9】

3. 讓我們來算算看。
   (1) 王先生總共有幾隻動物走失了呢？【10】
   (2) 有多少隻動物走失在巧克力街及香草街上呢？【8】
   (3) 有多少隻動物走失在巧克力街及草莓街上呢？【6】
   (4) 有多少隻動物走失在香草街及草莓街上呢？【6】

4. 讓我們來算算看。
   (1) 王先生總共有幾隻動物走失了呢？【11】
   (2) 有多少隻動物走失在巧克力街及香草街上呢？【8】
   (3) 有多少隻動物走失在巧克力街及草莓街上呢？【6】
   (4) 有多少隻動物走失在香草街及草莓街上呢？【8】

G　**不分類／無關資料／加法**

1. 所有街上共有多少**頭牛**呢？【4】
2. 所有街上共有多少**隻羊**呢？【4】
3. 所有街上共有多少**隻豬**呢？【2】

4. 所有街上共有多少頭**牛**呢？【4】

1. 我們再一起重頭來算算看。

    ⑴ 在巧克力街上，車輛比動物少了多少呢？【2】

    ⑵ 在香草街上，動物比車輛多了多少呢？【4】

    ⑶ 在草莓街上，車輛比動物少了多少呢？【0】

    ⑷ 三條街上，車輛共比**牛**多了多少呢？【4】

    ⑸ 三條街上，車輛共比**羊**和**牛**多了多少呢？【1】

2. 我們再一起重頭來算算看。

    ⑴ 在巧克力街上，車輛比動物多了多少呢？【0】

    ⑵ 在香草街上，動物比車輛多了多少呢？【3】

    ⑶ 在草莓街上，車輛比動物多了多少呢？【1】

    ⑷ 三條街上，車輛共比**雞**多了多少呢？【6】

    ⑸ 三條街上，車輛共比**羊**和**雞**多了多少呢？【2】

3. 我們再一起重頭來算算看。

    ⑴ 在巧克力街上，車輛比動物多了多少呢？【1】

    ⑵ 在香草街上，動物比車輛多了多少呢？【2】

    ⑶ 在草莓街上，車輛比動物多了多少呢？【2】

    ⑷ 三條街上，車輛共比**豬**多了多少呢？【9】

    ⑸ 三條街上，車輛共比**豬**和**雞**多了多少呢？【4】

4. 我們再一起重頭來算算看。

    ⑴ 在巧克力街上，車輛比動物少了多少呢？【1】

    ⑵ 在香草街上，動物比車輛少了多少呢？【0】

    ⑶ 在草莓街上，車輛比動物多了多少呢？【2】

    ⑷ 三條街上，車輛共比**豬**多了多少呢？【7】

    ⑸ 三條街上，車輛共比**豬**和**牛**多了多少呢？【3】

◐ 補充活動：

    *1.*將學生住的城市畫一張地圖標示出來，並將學生住的地方以標記
      標示出來。

    *2.*和學生共同討論下面的問題：

      ⑴有哪些人住的地方很靠近呢？

      ⑵哪些人住得較靠近學校呢？

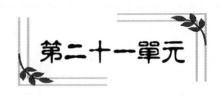

◗ **教材：**

　　1. 三張菜園的故事板。

　　2. 各種蔬菜的卡片組（白蘿蔔、紅蘿蔔、蕃薯、高麗菜）。

　　3. 各種水果的卡片組（蘋果、香蕉、蜜李、水梨）。

◗ **活動指導：**

　　1. 要求每個學生說出二種最喜歡的蔬菜，並將它畫在紙上（或老師
　　　畫好交給學生）。

　　2. 詢問學生，並要求學生儘可能說出有關這種蔬菜的各種特點（並
　　　讓其他的小朋友加以補充）。

◗ **教師說明：**

　　―這是一個溫暖的春天，王太太、丁太太、白太太決定要開始種菜
　　　了，所以他們的先生就去買了些種子和神奇的肥料回來，當他們
　　　種下種子時，就馬上長出了蔬菜。

〔一〕

1. 王家將種子及神奇的肥料撒下，馬上就長出了一些（5棵）蕃薯；丁家將種子及神奇的肥料撒下，馬上就長出了一些（2棵）高麗菜；白家將種子及神奇的肥料撒下，馬上就長出了一些（4棵）白蘿蔔和（1棵）紅蘿蔔。

   總共有多少棵蔬菜長在菜園中呢？【12】

2. 王家將種子及神奇的肥料撒下，馬上就長出了一些（1棵）高麗菜；丁家將種子及神奇的肥料撒下，馬上就長出了一些（2棵）白蘿蔔；白家將種子及神奇的肥料撒下，馬上就長出了一些（3棵）紅蘿蔔和（2棵）蕃薯。

   總共有多少棵蔬菜長在菜園中呢？【8】

3. 王家將種子及神奇的肥料撒下，馬上就長出了一些（2棵）白蘿蔔；丁家將種子及神奇的肥料撒下，馬上就長出了一些（4棵）紅蘿蔔；白家將種子及神奇的肥料撒下，馬上就長出了一些（1棵）蕃薯和（2棵）高麗菜。

   總共有多少棵蔬菜長在菜園中呢？【9】

4. 王家將種子及神奇的肥料撒下，馬上就長出了一些（4棵）紅蘿蔔；丁家將種子及神奇的肥料撒下，馬上就長出了一些（3棵）蕃薯；白家將種子及神奇的肥料撒下，馬上就長出了一些（3棵）高麗菜和（1棵）白蘿蔔。

   總共有多少棵蔬菜長在菜園中呢？【11】

1. 你們來算算看。

⑴ 王家和丁家共種了多少棵蔬菜呢？【7】

　　　⑵ 王家和白家共種了多少棵蔬菜呢？【10】

　　　⑶ 丁家和白家共種了多少棵蔬菜呢？【7】

2. 你們來算算看。

　　　⑴ 王家和丁家共種了多少棵蔬菜呢？【3】

　　　⑵ 王家和白家共種了多少棵蔬菜呢？【6】

　　　⑶ 丁家和白家共種了多少棵蔬菜呢？【7】

3. 你們來算算看。

　　　⑴ 王家和丁家共種了多少棵蔬菜呢？【6】

　　　⑵ 王家和白家共種了多少棵蔬菜呢？【5】

　　　⑶ 丁家和白家共種了多少棵蔬菜呢？【7】

4. 你們來算算看。

　　　⑴ 王家和丁家共種了多少棵蔬菜呢？【7】

　　　⑵ 王家和白家共種了多少棵蔬菜呢？【8】

　　　⑶ 丁家和白家共種了多少棵蔬菜呢？【7】

C　不分類／無關資料／減法

1. 在白家種的**白蘿蔔**比紅蘿蔔多長了多少呢？【3】

2. 在白家種的**紅蘿蔔**比蕃薯多長了多少呢？【1】

3. 在白家種的**高麗菜**比蕃薯多長了多少呢？【1】

4. 在白家種的**高麗菜**比白蘿蔔多長了多少呢？【2】

D　分類／無關資料／減法

1. 現在你們再來算算看。

　　　⑴ 王家的菜園比丁家的菜園多種了多少棵蔬菜？【3】

　　　⑵ 王家的菜園比白家的菜園多種了多少棵蔬菜？【0】

　　　⑶ 丁家的菜園比白家的菜園少種了多少棵蔬菜？【3】

　　　⑷ 王家菜園中的蔬菜比白家的**紅蘿蔔**多了多少呢？【4】

(5) 丁家菜園中的蔬菜比白家的**白蘿蔔**少了多少呢？【2】

2. 現在你們再來算算看。

    (1) 王家的菜園比丁家的菜園少種了多少棵蔬菜？【1】

    (2) 王家的菜園比白家的菜園少種了多少棵蔬菜？【4】

    (3) 丁家的菜園比白家的菜園少種了多少棵蔬菜？【3】

    (4) 王家菜園中的蔬菜比白家的**紅蘿蔔**少了多少呢？【2】

    (5) 丁家菜園中的蔬菜比白家的**蕃薯**多了多少呢？【0】

3. 現在你們再來算算看。

    (1) 王家的菜園比丁家的菜園少種了多少棵蔬菜？【2】

    (2) 王家的菜園比白家的菜園少種了多少棵蔬菜？【1】

    (3) 丁家的菜園比白家的菜園多種了多少棵蔬菜？【1】

    (4) 王家菜園中的蔬菜比白家的**蕃薯**多了多少呢？【1】

    (5) 丁家菜園中的蔬菜比白家的**高麗菜**多了多少呢？【2】

4. 現在你們再來算算看。

    (1) 王家的菜園比丁家的菜園多種了多少棵蔬菜？【1】

    (2) 王家的菜園比白家的菜園多種了多少棵蔬菜？【0】

    (3) 丁家的菜園比白家的菜園少種了多少棵蔬菜？【1】

    (4) 王家菜園中的蔬菜比白家的**高麗菜**多了多少呢？【1】

    (5) 丁家菜園中的蔬菜比白家的**白蘿蔔**多了多少呢？【2】

E　不分類／數數

1. 突然間，有件很奇怪的事發生了，菜園裡竟然長出了水果，可能是神奇肥料的作用吧！

    (1) 在王家的菜園中長出了 **1 個蘋果**和 **2 個水梨**，請把它擺出來。

    (2) 在丁家的菜園中長出了 **3 個水梨**和 **1 個蜜李**，請把它擺出來。

    (3) 在白家的菜園中長出了 **2 個蜜李**和 **2 根香蕉**，請把它擺出來。

2. 突然間，有件很奇怪的事發生了，菜園裡竟然長出了水果，可能是神奇肥料的作用吧！

(1) 在王家的菜園中長出了 2 個水梨和 3 個蜜李，請把它擺出來。

(2) 在丁家的菜園中長出了 1 個蜜李和 4 根香蕉，請把它擺出來。

(3) 在白家的菜園中長出了 1 根香蕉和 3 個蘋果，請把它擺出來。

3. 突然間，有件很奇怪的事發生了，菜園裡竟然長出了水果，可能是神奇肥料的作用吧！

(1) 在王家的菜園中長出了 1 個蜜李和 4 根香蕉，請把它擺出來。

(2) 在丁家的菜園中長出了 1 根香蕉和 3 個蘋果，請把它擺出來。

(3) 在白家的菜園中長出了 2 個蘋果和 1 個水梨，請把它擺出來。

4. 突然間，有件很奇怪的事發生了，菜園裡竟然長出了水果，可能是神奇肥料的作用吧！

(1) 在王家的菜園中長出了 1 根香蕉和 1 個蘋果，請把它擺出來。

(2) 在丁家的菜園中長出了 1 個蘋果和 1 個水梨，請把它擺出來。

(3) 在白家的菜園中長出了 3 個水梨和 2 個蜜李，請把它擺出來。

F 不分類／無關資料／加法

1. 你們來算算看。

(1) 三家菜園裡總共有多少個水果呢？【11】

(2) 在王家和白家的菜園中，共有多少個水果呢？【7】

(3) 在白家和丁家的菜園中，共有多少個水果呢？【8】

(4) 在王家和丁家的菜園中，共有多少個水果呢？【7】

2. 你們來算算看。

(1) 三家菜園裡總共有多少個水果呢？【14】

(2) 在王家和白家的菜園中，共有多少個水果呢？【9】

(3) 在白家和丁家的菜園中，共有多少個水果呢？【9】

(4) 在王家和丁家的菜園中，共有多少個水果呢？【10】

3. 你們來算算看。

(1) 三家菜園裡總共有多少個水果呢？【12】

(2) 在王家和白家的菜園中，共有多少個水果呢？【8】

口語應用問題教材：第一階段

(3) 在白家和丁家的菜園中，共有多少個水果呢？【7】

(4) 在王家和丁家的菜園中，共有多少個水果呢？【9】

4. 你們來算算看。

(1) 三家菜園裡總共有多少個水果呢？【9】

(2) 在王家和白家的菜園中，共有多少個水果呢？【7】

(3) 在白家和丁家的菜園中，共有多少個水果呢？【7】

(4) 在王家和丁家的菜園中，共有多少個水果呢？【4】

G 　不分類／無關資料／加法

1. 三家的菜園中，共有多少個**蜜李**呢？【3】

2. 三家的菜園中，共有多少根**香蕉**呢？【5】

3. 三家的菜園中，共有多少個**蘋果**呢？【5】

4. 三家的菜園中，共有多少個**水梨**呢？【4】

H 　分類／無關資料／減法

1. 現在你們再來算算看。

(1) 在王家的菜園中，蔬菜比水果多了多少呢？【2】

(2) 在丁家的菜園中，水果比蔬菜多了多少呢？【2】

(3) 在白家的菜園中，蔬菜比水果多了多少呢？【1】

(4) 在三家的菜園中，蔬菜比**蜜李**多了多少呢？【9】

(5) 在三家的菜園中，蔬菜比**蜜李**和**水梨**多了多少呢？【4】

2. 現在你們再來算算看。

(1) 在王家的菜園中，蔬菜比水果少了多少呢？【4】

(2) 在丁家的菜園中，水果比蔬菜多了多少呢？【3】

(3) 在白家的菜園中，蔬菜比水果多了多少呢？【1】

(4) 在三家的菜園中，蔬菜比**香蕉**多了多少呢？【3】

(5) 在三家的菜園中，蔬菜比**蜜李**和**香蕉**少了多少呢？【1】

3. 現在你們再來算算看。

(1) 在王家的菜園中，蔬菜比水果少了多少呢？【3】

(2) 在丁家的菜園中，水果比蔬菜少了多少呢？【0】

(3) 在白家的菜園中，蔬菜比水果少了多少呢？【0】

(4) 在三家的菜園中，蔬菜比**香蕉**多了多少呢？【4】

(5) 在三家的菜園中，蔬菜比**香蕉**和**蘋果**少了多少呢？【1】

4. 現在你們再來算算看。

(1) 在王家的菜園中，蔬菜比水果多了多少呢？【2】

(2) 在丁家的菜園中，水果比蔬菜少了多少呢？【1】

(3) 在白家的菜園中，蔬菜比水果少了多少呢？【1】

(4) 在三家的菜園中，蔬菜比**蘋果**多了多少呢？【9】

(5) 在三家的菜園中，蔬菜比**蘋果**和**水梨**多了多少呢？【5】

◗ 補充活動：

讀一些有關蔬菜的故事或繞口令。

例如，傑克與豌豆等，並討論一些細節。

第二十二單元

● **教材：**

　　1. 三張農場的故事板。

　　2. 各種農場動物的卡片組（雞、豬、牛、羊）。

　　3. 各種玩具的卡片組（魔術箱、洋娃娃、棒球手套、足球）。

● **活動指導：**

　　1. 將每種動物的名稱寫在 5 公分×5 公分的卡片上。

　　2. 再將 1-15 的數字寫在另一些卡片上。

　　3. 展示這些卡片，並引導學生辨認數字及動物。

● **教師說明：**

　　—黃先生和黃太太非常高興，因為這個週末他們有個家庭聚會，他
　　　們將去參觀桃園農場（學生的左邊）、新竹農場（學生的前面）、
　　　苗栗農場（學生的右邊）

〔一〕

A ┃ **分類／不說數量／加法**

1. 當黃先生與黃太太到了桃園農場時，他們看到了一些（2 隻）羊；到

了新竹農場時，他們看到了一些（3隻）豬；到了苗栗農場時，他們看到了一些（1頭）牛和（3隻）雞。

那麼在三個農場中，總共有多少隻動物呢？【9】

2. 當黃先生與黃太太到了桃園農場時，他們看到了一些（3隻）豬；到了新竹農場時，他們看到了一些（4頭）牛；到了苗栗農場時，他們看到了一些（2隻）雞和（2隻）羊。

那麼在三個農場中，總共有多少隻動物呢？【11】

3. 當黃先生與黃太太到了桃園農場時，他們看到了一些（1頭）牛；到了新竹農場時，他們看到了一些（5隻）雞；到了苗栗農場時，他們看到了一些（3隻）羊和（1隻）豬。

那麼在三個農場中，總共有多少隻動物呢？【10】

4. 當黃先生與黃太太到了桃園農場時，他們看到了一些（2隻）雞；到了新竹農場時，他們看到了一些（2隻）羊；到了苗栗農場時，他們看到了一些（4隻）豬和（1頭）牛。

那麼在三個農場中，總共有多少隻動物呢？【9】

B　分類／無關資料／加法

1. 請你們算算看。
   (1) 在桃園及新竹的農場中，他們共看到多少隻動物呢？【5】
   (2) 在桃園及苗栗的農場中，他們共看到多少隻動物呢？【6】
   (3) 在新竹及苗栗的農場中，他們共看到多少隻動物呢？【7】

2. 請你們算算看。
   (1) 在桃園及新竹的農場中，他們共看到多少隻動物呢？【7】
   (2) 在桃園及苗栗的農場中，他們共看到多少隻動物呢？【7】
   (3) 在新竹及苗栗的農場中，他們共看到多少隻動物呢？【8】

3. 請你們算算看。
   (1) 在桃園及新竹的農場中，他們共看到多少隻動物呢？【6】
   (2) 在桃園及苗栗的農場中，他們共看到多少隻動物呢？【5】

⑶ 在新竹及苗栗的農場中，他們共看到多少隻動物呢？【9】

4. 請你們算算看。

　　⑴ 在桃園及新竹的農場中，他們共看到多少隻動物呢？【4】

　　⑵ 在桃園及苗栗的農場中，他們共看到多少隻動物呢？【7】

　　⑶ 在新竹及苗栗的農場中，他們共看到多少隻動物呢？【7】

C | 不分類／無關資料／減法

1. 讓我們再來算算看。

　　⑴ 在苗栗農場中，**雞**比**牛**多了多少呢？【2】

　　⑵ 在桃園農場中的動物比苗栗農場中的動物少了多少呢？【2】

　　⑶ 在新竹農場中的動物比桃園農場中的動物多了多少呢？【1】

　　⑷ 在新竹農場中的動物和苗栗農場中的動物相差多少呢？【1】

　　⑸ 在桃園農場中所有的動物比苗栗農場的**牛**多了多少呢？【1】

　　⑹ 在新竹農場中所有的動物比苗栗農場的**雞**多了多少呢？【0】

2. 讓我們再來算算看。

　　⑴ 在苗栗農場中，**雞**比**羊**多了多少呢？【0】

　　⑵ 在桃園農場中的動物比苗栗農場中的動物少了多少呢？【1】

　　⑶ 在新竹農場中的動物比桃園農場中的動物多了多少呢？【1】

　　⑷ 在新竹農場中的動物和苗栗農場中的動物相差多少呢？【0】

　　⑸ 在桃園農場中所有的動物比苗栗農場的**雞**多了多少呢？【1】

　　⑹ 在新竹農場中所有的動物比苗栗農場的**羊**多了多少呢？【2】

3. 讓我們再來算算看。

　　⑴ 在苗栗農場中，**羊**比**豬**多了多少呢？【2】

　　⑵ 在桃園農場中的動物比苗栗農場中的動物少了多少呢？【3】

　　⑶ 在新竹農場中的動物比桃園農場中的動物多了多少呢？【4】

　　⑷ 在新竹農場中的動物和苗栗農場中的動物相差多少呢？【1】

　　⑸ 在桃園農場中所有的動物比苗栗農場的**羊**少了多少呢？【2】

　　⑹ 在新竹農場中所有的動物比苗栗農場的**豬**多了多少呢？【4】

4. 讓我們再來算算看。

　　⑴ 在苗栗農場中，**豬**比**牛**多了多少呢？【3】

　　⑵ 在桃園農場中的動物比苗栗農場中的動物少了多少呢？【3】

　　⑶ 在新竹農場中的動物比桃園農場中的動物多了多少呢？【0】

　　⑷ 在新竹農場中的動物和苗栗農場中的動物相差多少呢？【3】

　　⑸ 在桃園農場中所有的動物比苗栗農場的**豬**少了多少呢？【2】

　　⑹ 在新竹農場中所有的動物比苗栗農場的**牛**多了多少呢？【1】

D　不分類／數數

1. 在這次的聚會中，小朋友也帶來了許多玩具，可是當他們回家時，卻把那些玩具遺忘在農場中了。

　　⑴ 他們將 2 **個魔術箱**和 3 **個洋娃娃**留在桃園農場中，請把它們擺出來。

　　⑵ 他們將 1 **個洋娃娃**和 1 **隻棒球手套**留在新竹農場中，請把它們擺出來。

　　⑶ 他們將 4 **隻棒球手套**和 1 **個足球**留在苗栗農場中，請把它們擺出來。

2. 在這次的聚會中，小朋友也帶來了許多玩具，可是當他們回家時，卻把那些玩具遺忘在農場中了。

　　⑴ 他們將 4 **個洋娃娃**和 1 **隻棒球手套**留在桃園農場中，請把它們擺出來。

　　⑵ 他們將 2 **隻棒球手套**和 1 **個足球**留在新竹農場中，請把它們擺出來。

　　⑶ 他們將 3 **個足球**和 2 **個魔術箱**留在苗栗農場中，請把它們擺出來。

3. 在這次的聚會中，小朋友也帶來了許多玩具，可是當他們回家時，卻把那些玩具遺忘在農場中了。

　　⑴ 他們將 2 **隻棒球手套**和 2 **個足球**留在桃園農場中，請把它們擺出來。

⑵ 他們將 1 個**足球**和 3 **個魔術箱**留在新竹農場中,請把它們擺出來。

⑶ 他們將 1 **個魔術箱**和 1 **個洋娃娃**留在苗栗農場中,請把它們擺出來。

4. 在這次的聚會中,小朋友也帶來了許多玩具,可是當他們回家時,卻把那些玩具遺忘在農場中了。

⑴ 他們將 3 **個足球**和 1 **個魔術箱**留在桃園農場中,請把它們擺出來。

⑵ 他們將 3 **個魔術箱**和 2 **個洋娃娃**留在新竹農場中,請把它們擺出來。

⑶ 他們將 2 **個洋娃娃**和 1 **隻棒球手套**留在苗栗農場中,請把它們擺出來。

E 分類／無關資料／加法

1. 讓我們來算算看。

⑴ 總共有多少個玩具被留在三個農場中呢?【12】

⑵ 共有多少個玩具被留在桃園和新竹農場中呢?【7】

⑶ 共有多少個玩具被留在桃園和苗栗農場中呢?【10】

⑷ 共有多少個玩具被留在新竹和苗栗農場中呢?【7】

2. 讓我們來算算看。

⑴ 總共有多少個玩具被留在三個農場中呢?【13】

⑵ 共有多少個玩具被留在桃園和新竹農場中呢?【8】

⑶ 共有多少個玩具被留在桃園和苗栗農場中呢?【10】

⑷ 共有多少個玩具被留在新竹和苗栗農場中呢?【8】

3. 讓我們來算算看。

⑴ 總共有多少個玩具被留在三個農場中呢?【10】

⑵ 共有多少個玩具被留在桃園和新竹農場中呢?【8】

⑶ 共有多少個玩具被留在桃園和苗栗農場中呢?【6】

⑷ 共有多少個玩具被留在新竹和苗栗農場中呢?【6】

4. 讓我們來算算看。

(1) 總共有多少個玩具被留在三個農場中呢？【12】

(2) 共有多少個玩具被留在桃園和新竹農場中呢？【9】

(3) 共有多少個玩具被留在桃園和苗栗農場中呢？【7】

(4) 共有多少個玩具被留在新竹和苗栗農場中呢？【8】

F　不分類／無關資料／加法

1. 共有多少個**棒球手套**被留在三個農場中呢？【5】

2. 共有多少個**棒球手套**被留在三個農場中呢？【3】

3. 共有多少個**足球**被留在三個農場中呢？【3】

4. 共有多少個**洋娃娃**被留在三個農場中呢？【4】

G　分類／無關資料／減法

1. 現在我們一起再來算算看。

(1) 在新竹農場中，玩具比動物少了多少呢？【1】

(2) 在苗栗農場中，動物比玩具少了多少呢？【1】

(3) 在三個農場中，動物比**洋娃娃**多了多少呢？【5】

(4) 在三個農場中，動物比**洋娃娃**和**棒球手套**多了多少呢？【0】

2. 現在我們一起再來算算看。

(1) 在新竹農場中，玩具比動物少了多少呢？【1】

(2) 在苗栗農場中，動物比玩具少了多少呢？【1】

(3) 在三個農場中，動物比**足球**多了多少呢？【7】

(4) 在三個農場中，動物比**棒球手套**和足球多了多少呢？【4】

3. 現在我們一起再來算算看。

(1) 在新竹農場中，玩具比動物少了多少呢？【1】

(2) 在苗栗農場中，動物比玩具多了多少呢？【2】

(3) 在三個農場中，動物比**魔術箱**多了多少呢？【6】

(4) 在三個農場中，動物比**足球**和**魔術箱**多了多少呢？【3】

4. 現在我們一起再來算算看。

⑴ 在新竹農場中，玩具比動物多了多少呢？【3】

⑵ 在苗栗農場中，動物比玩具多了多少呢？【2】

⑶ 在三個農場中，動物比**魔術箱**多了多少呢？【5】

⑷ 在三個農場中，動物比**魔術箱**和**洋娃娃**多了多少呢？【1】

◑ 補充活動：

1. 要學生討論從不同的動物身上所能得來的產品。

例如，羊毛來自於羊；牛皮來自於牛。

2. 要學生們收集某種特定動物的產品圖片（可由雜誌或報紙上得

來），剪貼訂在佈告欄上。

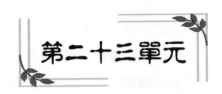

第二十三單元

◑ **教材:**

　1.三張動物園的故事板。

　2.各種野生動物的卡片組(大象、斑馬、鸚鵡、猴子)。

　3.各種蔬菜的卡片組(白蘿蔔、紅蘿蔔、蕃薯、高麗菜)。

◑ **活動指導:**

　1.要學生說出最近曾感染到的疾病或發生的意外事件,並討論基本
　　的健康保健方法。

　2.要學生比較人和動物所得疾病的不同處,以及他們就醫的醫院與
　　醫生又有何不同處。

◑ **教師說明:**

　─這是個相當忙碌的一天,有隻大象生病了,牠需要打針。

　─有些猴子正在戲耍斑馬,斑馬很生氣。

　─下午有大人物來參觀動物園,所以所有的動物都需要洗澡。

〔一〕

A 分類／不說數量／加法

1. 王先生將一些（9 隻）斑馬放在他管理的區域（在學生左側的故事板）；林先生將一些（5 隻）猴子放在他管理的區域（在學生前側的故事板）；李先生將一些（5 隻）鸚鵡和（3 隻）大象放在他管理的區域（學生右側的故事板）。

   共有多少隻動物在動物園中呢？【22】

2. 王先生將一些（5 隻）猴子放在他管理的區域（在學生左側的故事板）；林先生將一些（6 隻）鸚鵡放在他管理的區域（在學生前側的故事板）；李先生將一些（2 隻）大象和（5 隻）斑馬放在他管理的區域（學生右側的故事板）。

   共有多少隻動物在動物園中呢？【18】

3. 王先生將一些（6 隻）鸚鵡放在他管理的區域（在學生左側的故事板）；林先生將一些（9 隻）大象放在他管理的區域（在學生前側的故事板）；李先生將一些（4 隻）斑馬和（5 隻）鸚鵡放在他管理的區域（學生右側的故事板）。

   共有多少隻動物在動物園中呢？【24】

4. 王先生將一些（8 隻）大象放在他管理的區域（在學生左側的故事板）；林先生將一些（7 隻）斑馬放在他管理的區域（在學生前側的故事板）；李先生將一些（1 隻）猴子和（5 隻）鸚鵡放在他管理的區域（學生右側的故事板）。

   共有多少隻動物在動物園中呢？【21】

B 分類／無關資料／加法

1. 我們來算算看。

⑴ 在王先生和林先生管理的區域中，共有多少隻動物？【14】

　　⑵ 在王先生和李先生管理的區域中，共有多少隻動物？【17】

　　⑶ 在林先生和李先生管理的區域中，共有多少隻動物？【13】

2. 我們來算算看。

　　⑴ 在王先生和林先生管理的區域中，共有多少隻動物？【11】

　　⑵ 在王先生和李先生管理的區域中，共有多少隻動物？【12】

　　⑶ 在林先生和李先生管理的區域中，共有多少隻動物？【13】

3. 我們來算算看。

　　⑴ 在王先生和林先生管理的區域中，共有多少隻動物？【15】

　　⑵ 在王先生和李先生管理的區域中，共有多少隻動物？【15】

　　⑶ 在林先生和李先生管理的區域中，共有多少隻動物？【18】

4. 我們來算算看。

　　⑴ 在王先生和林先生管理的區域中，共有多少隻動物？【15】

　　⑵ 在王先生和李先生管理的區域中，共有多少隻動物？【14】

　　⑶ 在林先生和李先生管理的區域中，共有多少隻動物？【13】

C　不分類／無關資料／減法

1. 在李先生管理的區域中，**鸚鵡**比**大象**多了多少呢？【2】
2. 在李先生管理的區域中，**斑馬**比**大象**多了多少呢？【3】
3. 在李先生管理的區域中，**鸚鵡**比**斑馬**多了多少呢？【1】
4. 在李先生管理的區域中，**鸚鵡**比**猴子**多了多少呢？【4】

D　分類／無關資料／減法

1. 現在我們再來算算看。

　　⑴ 王先生管理區中的動物比林先生管理區中的動物多了多少呢？【4】

　　⑵ 王先生管理區中的動物比李先生管理區中的動物多了多少呢？【1】

　　⑶ 林先生管理區中的動物比李先生管理區中的動物少了多少呢？【3】

　　⑷ 王先生管理區中的動物比李先生管理的**鸚鵡**多了多少呢？【4】

(5) 林先生管理區中的動物比李先生管理的**大象**多了多少呢？【2】

2. 現在我們再來算算看。

　(1) 王先生管理區中的動物比林先生管理區中的動物少了多少呢？【1】

　(2) 王先生管理區中的動物比李先生管理區中的動物少了多少呢？【2】

　(3) 林先生管理區中的動物比李先生管理區中的動物少了多少呢？【1】

　(4) 王先生管理區中的動物比李先生管理的**大象**多了多少呢？【3】

　(5) 林先生管理區中的動物比李先生管理的**斑馬**多了多少呢？【1】

3. 現在我們再來算算看。

　(1) 王先生管理區中的動物比林先生管理區中的動物少了多少呢？【3】

　(2) 王先生管理區中的動物比李先生管理區中的動物少了多少呢？【3】

　(3) 林先生管理區中的動物比李先生管理區中的動物多了多少呢？【0】

　(4) 王先生管理區中的動物比李先生管理的**斑馬**多了多少呢？【2】

　(5) 林先生管理區中的動物比李先生管理的**斑馬**多了多少呢？【5】

4. 現在我們再來算算看。

　(1) 王先生管理區中的動物比林先生管理區中的動物多了多少呢？【1】

　(2) 王先生管理區中的動物比李先生管理區中的動物多了多少呢？【2】

　(3) 林先生管理區中的動物比李先生管理區中的動物多了多少呢？【1】

　(4) 王先生管理區中的動物比李先生管理的**猴子**多了多少呢？【7】

　(5) 林先生管理區中的動物比李先生管理的**鸚鵡**多了多少呢？【2】

E　不分類／數數

1. 這些大人物在參觀動物園時，也帶了一些蔬菜來餵食動物。

　(1) 在王先生管理區的客人留下了 **2 棵紅蘿蔔**和 **2 棵白蘿蔔**，請擺出來給我看。

　(2) 在林先生管理區的客人留下了 **3 棵白蘿蔔**和 **1 棵蕃薯**，請擺出來給我看。

　(3) 在李先生管理區的客人留下了 **4 棵蕃薯**和 **1 棵高麗菜**，請擺出來給我看。

181

2. 這些大人物在參觀動物園時，也帶了一些蔬菜來餵食動物。

   (1) 在王先生管理區的客人留下了 **2 棵白蘿蔔**和 **3 棵蕃薯**，請擺出來給我看。

   (2) 在林先生管理區的客人留下了 **2 棵蕃薯**和 **1 棵高麗菜**，請擺出來給我看。

   (3) 在李先生管理區的客人留下了 **3 棵高麗菜**和 **2 棵紅蘿蔔**，請擺出來給我看。

3. 這些大人物在參觀動物園時，也帶了一些蔬菜來餵食動物。

   (1) 在王先生管理區的客人留下了 **1 棵蕃薯**和 **2 棵高麗菜**，請擺出來給我看。

   (2) 在林先生管理區的客人留下了 **2 棵高麗菜**和 **3 棵紅蘿蔔**，請擺出來給我看。

   (3) 在李先生管理區的客人留下了 **2 棵紅蘿蔔**和 **2 棵蕃薯**，請擺出來給我看。

4. 這些大人物在參觀動物園時，也帶了一些蔬菜來餵食動物。

   (1) 在王先生管理區的客人留下了 **4 棵高麗菜**和 **1 棵紅蘿蔔**，請擺出來給我看。

   (2) 在林先生管區的客人留下了 **1 棵紅蘿蔔**和 **3 棵白蘿蔔**，請擺出來給我看。

   (3) 在李先生管理區的客人留下了 **2 棵白蘿蔔**和 **3 棵蕃薯**，請擺出來給我看。

F   **分類／無關資料／加法**

---

1. 讓我們來算算看。

   (1) 遊客們在三個動物園中，總共留下了多少棵蔬菜呢？【13】

   (2) 遊客們在王先生及林先生的管理區中，留下了多少棵蔬菜呢？【8】

   (3) 遊客們在林先生及李先生的管理區中，留下了多少棵蔬菜呢？【9】

   (4) 遊客們在王先生及李先生的管理區中，留下了多少棵蔬菜呢？【9】

2. 讓我們來算算看。

    (1) 遊客們在三個動物園中，總共留下了多少棵蔬菜呢？【13】

    (2) 遊客們在王先生及林先生的管理區中，留下了多少棵蔬菜呢？【8】

    (3) 遊客們在林先生及李先生的管理區中，留下了多少棵蔬菜呢？【8】

    (4) 遊客們在王先生及李先生的管理區中，留下了多少棵蔬菜呢？【10】

3. 讓我們來算算看。

    (1) 遊客們在三個動物園中，總共留下了多少棵蔬菜呢？【12】

    (2) 遊客們在王先生及林先生的管理區中，留下了多少棵蔬菜呢？【8】

    (3) 遊客們在林先生及李先生的管理區中，留下了多少棵蔬菜呢？【9】

    (4) 遊客們在王先生及李先生的管理區中，留下了多少棵蔬菜呢？【7】

4. 讓我們來算算看。

    (1) 遊客們在三個動物園中，總共留下了多少棵蔬菜呢？【14】

    (2) 遊客們在王先生及林先生的管理區中，留下了多少棵蔬菜呢？【9】

    (3) 遊客們在林先生及李先生的管理區中，留下了多少棵蔬菜呢？【9】

    (4) 遊客們在王先生及李先生的管理區中，留下了多少棵蔬菜呢？【10】

G　不分類／無關資料／加法

1. 總共留下了多少棵**白蘿蔔**呢？【5】

2. 總共留下了多少棵**蕃薯**呢？【5】

3. 總共留下了多少棵**高麗菜**呢？【4】

4. 總共留下了多少棵**白蘿蔔**呢？【5】

H　分類／無關資料／減法

1. 現在我們再一起來算算看。

    (1) 在王先生的管理區中，動物比蔬菜多了多少呢？【5】

    (2) 在林先生的管理區中，動物比蔬菜多了多少呢？【1】

    (3) 在李先生的管理區中，動物比蔬菜多了多少呢？【3】

    (4) 在動物園中，動物比**蕃薯**多了多少呢？【17】

(5) 在動物園中，動物比**白蘿蔔和蕃薯**多了多少呢？【12】

2. 現在我們再一起來算算看。

　(1) 在王先生的管理區中，動物比蔬菜多了多少呢？【0】

　(2) 在林先生的管理區中，動物比蔬菜多了多少呢？【3】

　(3) 在李先生的管理區中，動物比蔬菜多了多少呢？【2】

　(4) 在動物園中，動物比**高麗菜**多了多少呢？【14】

　(5) 在動物園中，動物比**蕃薯和高麗菜**多了多少呢？【9】

3. 現在我們再一起來算算看。

　(1) 在王先生的管理區中，動物比蔬菜多了多少呢？【3】

　(2) 在林先生的管理區中，動物比蔬菜多了多少呢？【4】

　(3) 在李先生的管理區中，動物比蔬菜多了多少呢？【5】

　(4) 在動物園中，動物比**高麗菜**多了多少呢？【20】

　(5) 在動物園中，動物比**高麗菜和紅蘿蔔**多了多少呢？【15】

4. 現在我們再一起來算算看。

　(1) 在王先生的管理區中，動物比蔬菜多了多少呢？【3】

　(2) 在林先生的管理區中，動物比蔬菜多了多少呢？【3】

　(3) 在李先生的管理區中，動物比蔬菜多了多少呢？【1】

　(4) 在動物園中，動物比**紅蘿蔔**多了多少呢？【19】

　(5) 在動物園中，動物比**紅蘿蔔和白蘿蔔**多了多少呢？【14】

◑ **補充活動：**

　　要學生討論動物園的優缺點，並讓學生了解管理員是如何照顧這些動物的。

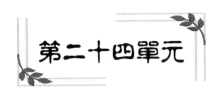

第二十四單元

● **教材：**

　1.三張玩具店的故事板。

　2.各種玩具的卡片組（魔術箱、洋娃娃、棒球手套、足球）。

　3.各種車輛的卡片組（小汽車、旅行車、大巴士、卡車）。

● **活動指導：**

　1.要學生畫各種不同形狀的氣球，並著上顏色。

　2.另外，將顏色寫在不同的紙上。

　3.收集所有畫好的氣球，並要求學生說出顏色。

　4.若答對時，則幫忙學生將顏色名稱寫在畫有氣球的紙張後面。

● **教師說明：**

　—林太太的玩具店生意真的非常好。

　—有一天，林太太告訴經理要送氣球給每個顧客，以慶祝週年慶。

　　讓我們來光臨這家玩具店，並看看有哪些玩具可買。

〔一〕

分類／不說數量／加法

1. 台北店的經理在店裡放了一些（6個）**魔術箱**；台中店的經理在店裡放了一些（7個）**洋娃娃**；高雄店的經理在店裡放了一些（3個）**棒球手套**和（2個）**足球**。
   在三間玩具店裡，共擺置了多少個玩具呢？【18】

2. 台北店的經理在店裡放了一些（7個）**洋娃娃**；台中店的經理在店裡放了一些（5個）**棒球手套**；高雄店的經理在店裡放了一些（6個）**足球**和（2個）**魔術箱**。
   在三間玩具店裡，共擺置了多少個玩具呢？【20】

3. 台北店的經理在店裡放了一些（8個）**棒球手套**；台中店的經理在店裡放了一些（9個）**足球**；高雄店的經理在店裡放了一些（2個）**魔術箱**和（4個）**洋娃娃**。
   在三間玩具店裡，共擺置了多少個玩具呢？【23】

4. 台北店的經理在店裡放了一些（9個）**足球**；台中店的經理在店裡放了一些（6個）**魔術箱**；高雄店的經理在店裡放了一些（1個）**洋娃娃**和（6個）**棒球手套**。
   在三間玩具店裡，共擺置了多少個玩具呢？【22】

B 分類／無關資料／加法

1. 我們來算算看。
   (1) 在台北店及台中店中，共擺置了多少個玩具呢？【13】
   (2) 在台北店及高雄店中，共擺置了多少個玩具呢？【11】
   (3) 在高雄店及台中店中，共擺置了多少個玩具呢？【12】

2. 我們來算算看。

(1) 在台北店及台中店中，共擺置了多少個玩具呢？【12】

(2) 在台北店及高雄店中，共擺置了多少個玩具呢？【15】

(3) 在高雄店及台中店中，共擺置了多少個玩具呢？【13】

3. 我們來算算看。

   (1) 在台北店及台中店中，共擺置了多少個玩具呢？【17】

   (2) 在台北店及高雄店中，共擺置了多少個玩具呢？【14】

   (3) 在高雄店及台中店中，共擺置了多少個玩具呢？【15】

4. 我們來算算看。

   (1) 在台北店及台中店中，共擺置了多少個玩具呢？【15】

   (2) 在台北店及高雄店中，共擺置了多少個玩具呢？【16】

   (3) 在高雄店及台中店中，共擺置了多少個玩具呢？【13】

C　分類／無關資料／減法

1. 在高雄店中，**棒球手套**比足球多出多少呢？【1】

2. 在高雄店中，**足球**比魔術箱多出多少呢？【4】

3. 在高雄店中，**洋娃娃**比魔術箱多出多少呢？【2】

4. 在高雄店中，**棒球手套**比洋娃娃多出多少呢？【5】

D　分類／無關資料／減法

1. 讓我們再來算算看。

   (1) 在台北店中的玩具比台中店中的玩具少了多少呢？【1】

   (2) 在台北店中的玩具比高雄店中的玩具多了多少呢？【1】

   (3) 在台中店中的玩具比高雄店中的玩具多了多少呢？【2】

   (4) 在台北店中的玩具比高雄店中的**棒球手套**多了多少呢？【3】

   (5) 在台中店中的玩具比高雄店中的**足球**多了多少呢？【5】

2. 讓我們再來算算看。

   (1) 在台北店中的玩具比台中店中的玩具多了多少呢？【2】

   (2) 在台北店中的玩具比高雄店中的玩具少了多少呢？【1】

(3) 在台中店中的玩具比高雄店中的玩具少了多少呢？【3】

(4) 在台北店中的玩具比高雄店中的**足球**多了多少呢？【1】

(5) 在台中店中的玩具比高雄店中的**魔術箱**多了多少呢？【3】

3. 讓我們再來算算看。

(1) 在台北店中的玩具比台中店中的玩具少了多少呢？【1】

(2) 在台北店中的玩具比高雄店中的玩具多了多少呢？【2】

(3) 在台中店中的玩具比高雄店中的玩具多了多少呢？【3】

(4) 在台北店中的玩具比高雄店中的**魔術箱**多了多少呢？【6】

(5) 在台中店中的玩具比高雄店中的**洋娃娃**多了多少呢？【5】

4. 讓我們再來算算看。

(1) 在台北店中的玩具比台中店中的玩具多了多少呢？【3】

(2) 在台北店中的玩具比高雄店中的玩具多了多少呢？【2】

(3) 在台中店中的玩具比高雄店中的玩具少了多少呢？【1】

(4) 在台北店中的玩具比高雄店中的**棒球手套**多了多少呢？【3】

(5) 在台中店中的玩具比高雄店中的**洋娃娃**多了多少呢？【5】

E　不分類／數數

1. 到林太太玩具店的顧客，搭乘了各種車輛來到這裡。在台北店的前面有 **3 輛小汽車**和 **2 輛大巴士**停在那兒；在台中店的前面有 **3 輛大巴士**和 **1 輛卡車**停在那兒；在高雄店的前面有 **4 輛旅行車**和 **1 輛卡車**停在那兒。

2. 到林太太玩具店的顧客，搭乘了各種車輛來到這裡。在台北店的前面有 **1 輛大巴士**和 **4 輛旅行車**停在那兒；在台中店的前面有 **1 輛旅行車**和 **2 輛卡車**停在那兒；在高雄店的前面有 **2 輛卡車**和 **3 輛小汽車**停在那兒。

3. 到林太太玩具店的顧客，搭乘了各種車輛來到這裡。在台北店的前面有 **2 輛旅行車**和 **2 輛卡車**停在那兒；在台中店的前面有 **2 輛卡車**和 **3 輛小汽車**停在那兒；在高雄店的前面有 **1 輛小汽車**和 **2 輛大巴士**停在

那兒。

4. 到林太太玩具店的顧客，搭乘了各種車輛來到這裡。在台北店的前面
   有 2 **輛卡車**和 1 **輛小汽車**停在那兒；在台中店的前面有 1 **輛小汽車**和
   3 **輛大巴士**停在那兒；在高雄店的前面有 1 **輛大巴士**和 1 **輛旅行車**停
   在那兒。

F 分類／無關資料／加法

1. 讓我們來算算看。
   ⑴ 在三家玩具店的前面，共停了幾輛車？【14】
   ⑵ 在台北店及台中店的前面，共停了幾輛車？【9】
2. 讓我們來算算看。
   ⑴ 在三家玩具店的前面，共停了幾輛車？【13】
   ⑵ 在台北店及台中店的前面，共停了幾輛車？【8】
3. 讓我們來算算看。
   ⑴ 在三家玩具店的前面，共停了幾輛車？【12】
   ⑵ 在台北店及台中店的前面，共停了幾輛車？【9】
4. 讓我們來算算看。
   ⑴ 在三家玩具店的前面，共停了幾輛車？【9】
   ⑵ 在台北店及台中店的前面，共停了幾輛車？【7】

G 分類／無關資料／減法

1. 現在我們再一起來算算看。
   ⑴ 在台北店及高雄店的前面，共停了幾輛車？【10】
   ⑵ 在高雄店及台中店的前面，共停了幾輛車？【9】
   ⑶ 在三家玩具店的前面，共有幾輛**大巴士**停在那兒？【5】
   ⑷ 在台北店前面停的車比台北店中的玩具少了多少？【1】
   ⑸ 在台中店前面停的車比台中店中的玩具少了多少？【3】
   ⑹ 在高雄店前面停的車比高雄店中的玩具少了多少？【0】

(7) 三家店裡所有的玩具比停在店前的**大巴士**多了多少？【13】

(8) 三家店裡所有的玩具比店前的**大巴士**和**旅行車**多了多少？【9】

2. 現在我們再一起來算算看。

(1) 在台北店及高雄店的前面，共停了幾輛車？【10】

(2) 在高雄店及台中店的前面，共停了幾輛車？【8】

(3) 在三家玩具店的前面，共有幾輛**旅行車**停在那兒？【5】

(4) 在台北店前面停的車比台北店中的玩具少了多少？【2】

(5) 在台中店前面停的車比台中店中的玩具少了多少？【2】

(6) 在高雄店前面停的車比高雄店中的玩具少了多少？【3】

(7) 三家店裡所有的玩具比停在店前的**卡車**多了多少？【16】

(8) 三家店裡所有的玩具比店前的**旅行車**和**卡車**多了多少？【11】

3. 現在我們再一起來算算看。

(1) 在台北店及高雄店的前面，共停了幾輛車？【7】

(2) 在高雄店及台中店的前面，共停了幾輛車？【8】

(3) 在三家玩具店的前面，共有幾輛**小汽車**停在那兒？【4】

(4) 在台北店前面停的車比台北店中的玩具少了多少？【4】

(5) 在台中店前面停的車比台中店中的玩具少了多少？【4】

(6) 在高雄店前面停的車比高雄店中的玩具少了多少？【3】

(7) 三家店裡所有的玩具比停在店前的**小汽車**多了多少？【19】

(8) 三家店裡所有的玩具比店前的**卡車**和**小汽車**多了多少？【15】

4. 現在我們再一起來算算看。

(1) 在台北店及高雄店的前面，共停了幾輛車？【5】

(2) 在高雄店及台中店的前面，共停了幾輛車？【6】

(3) 在三家玩具店的前面，共有幾輛**小汽車**停在那兒？【2】

(4) 在台北店前面停的車比台北店中的玩具少了多少？【6】

(5) 在台中店前面停的車比台中店中的玩具少了多少？【2】

(6) 在高雄店前面停的車比高雄店中的玩具少了多少？【5】

(7) 三家店裡所有的玩具比停在店前的**小汽車**多了多少？【20】

⑻ 三家店裡所有的玩具比店前的**小汽車**和**大巴士**多了多少？【16】

◑ 補充活動：

1. 舉行一個玩具的命名比賽。

2. 先說它的特色（如：它有腳、輪子及翅膀；前有頭，後也有頭；

　　頂端有個螺旋槳，可走、可飛也可四處滑動，甚至可游動）。

3. 然後讓學生們來猜猜是什麼玩具。

肆、教育叢書

一、一般教育系列

教室管理	許慧玲編著
教師發問技巧（第二版）	張玉成著
質的教育研究方法	黃瑞琴著
教學媒體與教學新科技	R. Heinich 等著・張霄亭總校閱
教學媒體（第二版）	劉信吾著
班級經營	吳清山等著
班級經營—做個稱職的教師	鄭玉疊等著
國小班級經營	張秀敏著
健康教育—健康教學與研究	晏涵文著
健康生活—健康教學的內涵	鄭雪霏等著
教育計畫與評鑑	鄭崇趁編著
教育計劃與教育發展策略	王文科著
學校行政	吳清山著
學習理論與教學應用	M. Gredler 著・吳幸宜譯
學習與教學	R. Gagne 著・趙居蓮譯
學習輔導－學習心理學的應用（第二版）	李咏吟主編・邱上真等著
認知過程的原理	L. Mann 等著・黃慧真譯・陳東陞校閱
認知教學：理論與策略	李咏吟著
初等教育－理論與實務	蔡義雄等著

老師如何跟學生說話─親師溝通技巧

Dr. Haim G. Ginott 著・許麗美、許麗玉譯

六、教育願景系列

教育改造的心念	李錫津著
教育行政革新	林天祐著
教育與輔導的軌跡（增訂版）	鄭崇趁著
教育理想的追求	黃政傑著
開放社會的教育改革	歐用生著
未來教育的理想與實踐	高敬文著
教育理念革新	黃政傑著
教育改革與教育發展	吳清山著
邁向大學之路	M. Eckstein 等著・黃炳煌校閱
教育改革─理念、策略與措施	黃炳煌著
考試知多少	曹亮吉著
從心教學─行動研究與教師專業成長	陳佩正著
開放教育之教師專業發展	F. Lockwood 主編・趙美聲譯
反思教學─成為一位探究的教育者	J. Henderson 等著・李慕華譯

七、生命教育系列

生命教育論叢	何福田策畫主編
中學「生命教育」手冊：以生死教育為取向	張淑美等著

八、語文教育系列

台灣閩南語概論	林慶勳著

永然法律事務所聲明啟事

　　本法律事務所受心理出版社之委任爲常年法律顧問，就其所出版之系列著作物，代表聲明均係受合法權益之保障，他人若未經該出版社之同意，逕以不法行爲侵害著作權者，本所當依法追究，俾維護其權益，特此聲明。

數學教育 21

口語應用問題教材—第一階段

作　　者：盧台華
執行編輯：陳文玲
執行主編：張毓如
總　編　輯：吳道愉
發　行　人：邱維城
出　版　者：心理出版社股份有限公司
社　　址：台北市和平東路二段 163 號 4 樓
總　　機：(02) 27069505
傳　　眞：(02) 23254014
郵　　撥：19293172
　E-mail：psychoco@ms15.hinet.net
　　網址：http://www.psy.com.tw
駐美代表：Lisa Wu
　　Tel：973 546-5845　　Fax：973 546-7651
法律顧問：李永然
登 記 證：局版北市業字第 1372 號
電腦排版：辰皓打字印刷有限公司
印　刷　者：玖進印刷有限公司
初版一刷：2001 年 9 月

定價：新台幣 250 元
ISBN 957-702-456-4

國家圖書館出版品預行編目資料

口語應用問題教材：第一階段 / 盧台華著.
  -- 初版. --臺北市：心理, 2001（民 90）
    面；　　公分. --　（數學教育；21）

  ISBN 957-702-456-4（平裝）

  1.數學—教學法

310.3   90014094

讀者意見回函卡

No. _____   填寫日期： 年 月 日

感謝您購買本公司出版品。為提升我們的服務品質,請惠填以下資料寄回本社【或傳真(02)2325-4014】提供我們出書、修訂及辦活動之參考。您將不定期收到本公司最新出版及活動訊息。謝謝您!

姓名:_____ 性別:1□男 2□女
職業:1□教師 2□學生 3□上班族 4□家庭主婦 5□自由業 6□其他_____
學歷:1□博士 2□碩士 3□大學 4□專科 5□高中 6□國中 7□國中以下

服務單位:_____ 部門:_____職稱:_____
服務地址:_____電話:_____傳真: _____
住家地址:_____電話:_____傳真: _____
電子郵件地址: _____

書名: _____

一、您認為本書的優點:(可複選)
　❶□內容 ❷□文筆 ❸□校對 ❹□編排 ❺□封面 ❻□其他_____
二、您認為本書需再加強的地方:(可複選)
　❶□內容 ❷□文筆 ❸□校對 ❹□編排 ❺□封面 ❻□其他_____
三、您購買本書的消息來源:(請單選)
　❶□本公司 ❷□逛書局⇨_____書局 ❸□老師或親友介紹
　❹□書展⇨____書展 ❺□心理心雜誌 ❻□書評 ❼□其他_____
四、您希望我們舉辦何種活動:(可複選)
　❶□作者演講 ❷□研習會 ❸□研討會 ❹□書展 ❺□其他_____
五、您購買本書的原因:(可複選)
　❶□對主題感興趣 ❷□上課教材⇨課程名稱_____
　❸□舉辦活動 ❹□其他_____ (請翻頁繼續)

| 廣　告　回　信 |
| 台灣北區郵政管理局登記證 |
| 北 台 字 第 8133 號 |

（免貼郵票）

 心理出版社 股份有限公司

台北市 106 和平東路二段 163 號 4 樓

TEL:(02)2706-9505
FAX:(02)2325-4014
EMAIL:psychoco@ms15.hinet.net

沿線對折訂好後寄回

六、您希望我們多出版何種類型的書籍
　　❶□心理 ❷□輔導 ❸□教育 ❹□社工 ❺□測驗 ❻□其他

七、如果您是老師，是否有撰寫教科書的計劃：□有□無
　　書名/課程：＿＿＿＿＿＿＿＿＿＿＿＿＿＿＿＿＿＿＿＿

八、您教授/修習的課程：

上學期：＿＿＿＿＿＿＿＿＿＿＿＿＿＿＿＿＿＿＿＿＿＿＿

下學期：＿＿＿＿＿＿＿＿＿＿＿＿＿＿＿＿＿＿＿＿＿＿＿

進修班：＿＿＿＿＿＿＿＿＿＿＿＿＿＿＿＿＿＿＿＿＿＿＿

暑　假：＿＿＿＿＿＿＿＿＿＿＿＿＿＿＿＿＿＿＿＿＿＿＿

寒　假：＿＿＿＿＿＿＿＿＿＿＿＿＿＿＿＿＿＿＿＿＿＿＿

學分班：＿＿＿＿＿＿＿＿＿＿＿＿＿＿＿＿＿＿＿＿＿＿＿

九、您的其他意見

謝謝您的指教！　　　　　　　　　　　　　　　　42021